目にやさしい大活字

YouTube動画SEOで客を呼び込む

Search Engine Optimization

一般社団法人全日本SEO協会
代表理事
鈴木将司 著

C&R研究所

■本書について

- 本書に記述されている社名・製品名などは、一般に各社の商標または登録商標です。なお、本書では™、©、®は割愛しています。
- 本書の内容は、2014年6月現在の情報を基に記述しています。

はじめに

今、ネット集客の世界で急成長する熱いジャンルがあります。

それはYouTube(ユーチューブ)動画を大量に作ってGoogle(グーグル)やYahoo! Japan(ヤフージャパン)で上位表示させ、自社サイトへのアクセスを増やすというユーチューブ動画集客テクニックです。

近年、グーグルの検索結果にはユーチューブ動画が写真入りで2件も表示され、ヤフージャパンの検索結果にもたくさんのユーチューブ動画が目立つように表示されるようになりました。

これは明らかに検索エンジン会社が、増大する動画コンテンツの需要に対応するためにユーチューブ動画を優遇するようになってきたことを意味します。

従来のようにウェブページを作るだけではなく、ユーチューブ動画も作り、自社サイトに動画からリンクを張れば、より多くの見込み客を集客できるようになったのです。

もう一つ大きな変化がインターネットの世界に起きています。

それは従来のようなパソコンでの検索だけではなく、スマートフォンやタブレットの急速な普及、そして近い将来、普及するといわれているスマートテレビの登場です。

これらの新しいメディアで消費される有力なコンテンツの1つがユーチューブ動画です。

あなたもユーチューブ動画を作ればパソコンのグーグルやヤフージャパンから集客できるだけではなく、スマートフォン、タブレット、スマートテレビなどの新しいメディアからも集客が可能になるのです。

しかし、残念なことにユーチューブ動画を作って集客を目指すということは、以前から多くの企業が試しましたが、ほとんどが失敗に終わってきました。

その理由は、単なる自社ＰＲ動画や、いかに自社の商品が優れているかその機能だけをダラダラ解説するような、自己満足のための動画しか作ってこなかったからです。

そのような動画をたくさんの労力とお金を費やして作ったところで、ネットユーザーである見込み客が見たい動画ではない場合が多いので、売上アップという結果には結び付かないことがほとんどでした。

こうした現状を打破するために、本書では自己満足の会社自慢、商品自慢の動画ではなく、最初から新規客獲得ためだけに企画された「新規客獲得に特化した動画」

を最低限の手間と費用で作るノウハウを解説します。

このノウハウは筆者が米国のカンファレンスで過去6年間、ユーチューブのノウハウを学び、クライアント企業と試行錯誤して作り上げたものです。

ユーチューブ動画を作ってみたが営業的な成果につながらなかった方、これから新しくユーチューブ動画を活用した新規客獲得を目指したい方はご一読ください。

そしてユーチューブ動画ＳＥＯ対策の成果を実感してください。

一般社団法人 全日本ＳＥＯ協会　代表理事　鈴木将司

２０１４年７月

CONTENTS

目次

第2章 ユーチューブ動画SEO対策 4つのステップ その1：〈需要調査〉

第3章 ユーチューブ動画SEO対策 4つのステップ その2：〈企画〉

第4章 ユーチューブ動画SEO対策 4つのステップ その3：〈制作〉

第5章 ユーチューブ動画SEO対策 4つのステップ その4：〈公開〉

第1章
ユーチューブ動画SEO成功の秘訣

YouTube SEO

ユーチューブ動画を作ると3つのメリットがある！

これまでインターネットで集客をするためにはまずホームページを作り、その後、広告を購入したり、ＳＥＯ対策（検索エンジン最適化）を行ったりと、さまざまな検索キーワードで上位表示をして見込み客に見てもらうということが基本的な方法でした。

しかし、ホームページの数が増えるにつれて競争が激しくなり、広告費は暴騰し、ＳＥＯ対策は手間とコストがかかるようになってきました。

そのため、長年ホームページを運営してきた企業はもとより、これからホームページを作ってグーグルやヤフージャパンの検索結果から集客することは日に日に困難になってきました。

このような閉塞状況の中で新しいネット集客のツールが登場しました。

それが本書のテーマであるユーチューブ動画による集客術です。

集客を目指す方にとってユーチューブ動画の制作には

- 動画そのものによる見込み客の獲得
- 動画ページから自社サイトへの誘導
- 自社サイトの上位表示への貢献

の3つのメリットがあります。

それぞれ以降で詳しく見ていきましょう。

YouTube SEO

動画そのものによる見込み客の獲得

ユーチューブ動画の中には自社の電話番号や住所、地図などを載せることができるので、動画を見た人がそのまま問い合わせをしたり、実店舗がある場合は住所や地図を見て来店してくれたりすることがあります。

福岡にある1000円カットの理容室は、店舗案内のための動画を作り、ユーチューブにアップしたら、グーグルやヤフージャパンで「1000円カット 博多」のキーワードで1カ月もしないうちに次ページの図のように3位に表示されるようになりました。

その理容室はホームページを持っていないので、動画のページからどこにもリンクを張ってはいません。

しかし、動画を見ただけでお客様が来店するようになりました。なぜ動画を見た人が来店したのかは、ある仕掛けを動画に入れたからです。

その仕掛けとは「ユーチューブを見たと言うと１０００円ＯＦＦ」というメッセージです。このメッセージを動画の画面とその下にある紹介文の欄に入れたところ、ユーチューブを見たとお店で言うだけで１０００円の料金が９００円になって得をするので、お客様が動画の効果測定に協力してくれたのです。

◉「1000円カット 博多」での検索結果

「YouTube見た!で100円OFF !」の
メッセージを入れている

この動画を制作したのは集客用の簡単なユーチューブ動画制作を格安で代行してくれるエフネットさんという会社です。

代表の寺西さんに聞いたところ、他にもたくさんの簡単なユーチューブ動画をクライアントさんのために制作して集客効果を上げているということです。

実際に

- 振袖レンタル＋（地域名）
- 解体費用＋（地域名）
- 水道 工事＋（地域名）

などの「サービス名＋（地域名）」という検索キーワードだけではなく、

- タバコの臭い　脱臭

●マンション　脱臭
●介護施設　消臭
●太毛シャンプー

などの地域名の含まれない複合キーワードでもグーグルやヤフージャパンの検索結果の1ページ目にどんどん表示させることに成功しています。

筆者はこの理容室の事例を初めて見たときにショックを受けました。
なぜなら従来のインターネット集客はホームページを手間とお金をかけて作り込み、それを見込み客に見てもらうために費用がかかるネット広告を購入することや、時間がかかるSEO対策（検索エンジン最適化）をしなくてはならないと思い込んでいたからです。

しかし、この事例によりホームページを持たなくてもユーチューブ動画を作って公開するだけで、お金も時間もほとんどかけずに、インターネット集客が可能だということが証明されたのです。

従来のホームページ集客、SEO対策にどっぷり浸かってきた筆者は頭をトンカチで叩かれたような衝撃を覚えました。

そしてその後、次の事実にも気が付きました。

それはユーチューブ動画さえ作ればグーグルやヤフージャパンをパソコンで使うユーザーだけではなく、現在、急成長しているスマートフォンというパソコン以外の機器を使うユーザーや、今後、成長が期待されるスマートテレビというインターネット機能を最初から取り込んだテレビからも集客できるようになるということです。

スマートフォン、タブレット、スマートテレビの第一画面は通常「ホーム画面」というものがあり、そこにウェブを見るためのブラウザだけではなく、地図、天気予報、メール、ゲームなどのアイコンが表示されています。

そして、そこにはユーチューブのアイコンを表示しているユーザーも多くいます。

ということはホーム画面にあるユーチューブのアイコンをタップしてあなたの動画を見る潜在的な視聴者がたくさんいて、今後も増えていくことが予想されるということです。

これはインターネットを活用して集客を目指す企業や個人にとってのビッグチャンスです。

YouTube SEO 動画ページから自社サイトへの誘導

現在、すでに多くの企業や個人が取り組んでいるのが、自社のホームページのアクセスを増やすためにユーチューブ動画をアップしてユーチューブ内に動画紹介ページを作り、そこからリンクを張るという自社サイトへの誘導です。

このことが可能になれば、あなたのサイトのアクセスは飛躍的に伸びる可能性があります。

しかし、このことは「言うは易し行うは難し」であり、簡単なことではありません。

本書のメインテーマはまさにこの「ユーチューブ動画を作り、自社サイトに見込み客を誘導して自社サイトのアクセスアップを実現する」ということです。

このことを実現するために次章から、ステップバイステップで初心者の方にもわかりやすいように、事例を用いて、すべての手順の一つひとつを解説させていただきます。

YouTube SEO 自社サイトの上位表示への貢献

３つ目のユーチューブ動画を作るメリットは、自社のホームページがグーグルやヤフージャパンの検索結果で上位表示しやすくなるというＳＥＯ（検索エンジン最適化）上のメリットです。

このことは２つ目のメリットで挙げた「動画ページから自社サイトへの誘導」によって可能になります。

これはどういうことかというと、グーグルの検索順位は近年になり、アクセスが多いサイトが上位表示するというアルゴリズムを取り入れるようになったからです。

アクセスが多いサイトはすなわち人気のあるサイトの証拠です。

検索エンジンユーザーは自分が検索したキーワードでどのようなサイトを見たいのかというと信頼できる情報を提供しており、社会的にも高く評価されているサイトです。

理想的な検索エンジンというのは、そうした信頼できる情報があるために人気のあるサイトが検索結果の上位に表示され、そうでないサイトは下位に表示されるものです。

◉Cookieの説明

Google ポリシーと規約

概要　プライバシー ポリシー　利用規約　テクノロジーとプライバシー原則　よくある質問

プライバシー ポリシー
自主規制の枠組み
主な用語
パートナー
更新情報

プライバシー ポリシー

これは過去のバージョンのプライバシー ポリシーです。最新のバージョンまたは過去のすべてのバージョンをご覧いただけます。

最終更新日: 2009年3月11日

Google ではプライバシーの重要性を認識しています。本プライバシー ポリシーは、Google Inc. およびその子会社と関連会社（DoubleClick（DoubleClick Privacy Policy）と Postini（Postini Privacy Policy）を除く）が提供するすべてのサービスとウェブサイト（以下、総称して「Google のサービス」）に適用されます。また、Google の個人情報の取り扱いについてより詳しい説明が必要な事項については、サービスごとに補足情報を掲載し、各サービスでどのように個人情報を処理しているかについて説明しています。各サービスのプライバシーについて詳しくは、Google プライバシー センターでご覧いただけます。

Google は告知、オプション、第三者への転送、セキュリティ、データ保全、アクセスおよび強制履行に関する米国のセーフハーバー プライバシー原則を遵守し、米国商務省のセーフ ハーバー プログラムに登録しています。

このプライバシー ポリシーについてご不明な点がありましたら、こちらからご連絡いただくか、下記の住所まで書面にてお問い合わせください。

Privacy Matters
c/o Google Inc.
1600 Amphitheatre Parkway
Mountain View, California, 94043
USA

Google が収集する情報およびその利用法

Google では、Google 検索サービスなど、アカウントを登録したり個人情報を提供しなくても利用できるサービスを多数ご用意していますが、あらゆる種類のサービスを提供するため、次のような情報を収集させていただく場合があります。

- **ご提供いただく情報** – Google アカウントまたは登録が必要な他の Google のサービスもしくはプロモーションのご登録手続きに際して、個人情報（お名前、メール アドレス、アカウント パスワードなど）の提供をお願いしています。広告プログラムなど一部のサービスでは、クレジットカードその他のお支払いに関するアカウント情報の提供もお願いしていますが、これらの情報は安全なサーバー上で暗号化して管理されます。Google では、アカウントに含まれる情報を Google の他のサービスまたは第三者から取得した情報と統合し、ユーザーの利便性の向上および Google のサービスの品質向上のために使用する場合があります。一部のサービスについては、情報を統合しないように選択することもできます。
- **Cookie** –はじめて Google にアクセスすると、Google からユーザーのコンピュータや携帯端末などに Cookie が送信されます。Cookie は文字列情報からなる小さなファイルで、お使いのブラウザを個別に識別します。Google では、Google のサービスの品質向上のため、ユーザーの設定内容の保存、検索結果や広告選択の改善、ユーザーの傾向（どのように検索が行われているかなど）の追跡に Cookie を使用します。また Google は、広告サービスでも Cookie を使用して、広告主様とサイト運営者様がウェブ上で広告を掲載、管理できるようにしています。広告用の Cookie を使用する Google サイトをはじめとするウェブサイトにアクセスし、Google の広告サービスが提供する広告を表示またはクリックすると、ブラウザに Cookie が設定される場合があります。

URL http://www.google.co.jp/policies/privacy/archive/20090311/

グーグルは、Cookie（クッキー）技術というネットユーザーの行動を記録するデータを世界中から収集して、どのサイトにどのくらいのアクセスがあるのか、すなわちどのくらい人気があるのかを把握できるようになりました。

それにより、ただ単にＳＥＯ対策をしただけのサイトでは検索結果の上位に安定的に表示されることが減少してきました。

代わりに誰が見ても人気がありそうなサイトほど、グーグルやその検索結果を表示させるヤフージャパンの検索結果画面で上位に表示されるようになったのです。

特にリンク対策だけに力を入れたサイトの検索順位が以前は高い傾向がありましたが、現在ではそうした傾向は日に日に減ってきており、代わりにアクセスが多いサイトの順位が上がるようになってきました（２０１２年ころまでのグーグルは、たくさんのサイトやブログからリンクを張ってもらったサイトを高く評価して検索順位を高める傾向が非常に強かったため、お金を払うことによりたくさんのサイトやブログからリンクをしてもらう手法が流行しました)。

この変化に対応するためには、どうしても自社サイトのアクセスを増やす必要があります。

しかし、アクセスを増やすためには通常、

❶ネット広告をたくさん購入する
❷SEO対策に力を入れる

という2つの選択肢のいずれか、または両方を取らなければなりません。

❶ネット広告をたくさん購入する

これはたくさんの予算を持っている資金が豊富な企業でないと難しいのが現実で

す。しかも競争入札制のために広告の単価は高くなる一方です。

❷SEO対策に力を入れる

ＳＥＯ対策はコツコツとした作業を継続的に行う必要があり、すぐに効果が出るということは近年減ってきているのが現実です。

お金か時間のどちらかがどうしてもたくさんかかるのがこれらの選択肢です。

この状況を打破する突破口を開く可能性を秘めるのが、ユーチューブ動画を活用した自社サイトのＳＥＯ対策の成功という本書のもう一つのテーマです。

YouTube SEO

ユーチューブ動画を作っても失敗するパターンは？

ユーチューブ動画の可能性や、成功例が世の中に広まるにつれ、これまで動画を撮影、編集してユーチューブにアップする人達が増えてきました。

しかし、残念なことに集客効果を上げることに成功した企業は多くはありません。

なぜ上手くいかなかったのかを分析すると、次のような原因が挙げられます。

- 会社のイメージビデオを高額な制作費を払って作ってしまった
- 商品・サービスを説明するだけのビデオを業者任せで高額な制作費を払って作ってしまった
- ユーチューブがはやると聞いて試しにいくつか作ってみただけ

それぞれ詳しく見ていきましょう。

会社のイメージビデオを高額な制作費を払って作ってしまった

企業が初めてユーチューブ動画を作ろうとするとき、最初に作りたがるのは会社案内の動画です。

これはホームページを初めて作るときに会社案内の情報を載せたいという欲求と似ています。

企業が情報を発信しようとするとき先ず直感的に作ろうとするのが企業のことを知ってもらうための会社案内です。

確かに、会社案内の動画はないよりもあった方がよいはずです。文字情報だけでは伝わらないものが動画では伝わることがありますし、かっこいい音楽やシャープな編集で会社の良さをネットユーザーに知ってもらうことは素晴らしいことでしょう。

しかし、問題はそのような会社案内ビデオだけを作っても、いったい誰がどのようにしてそのビデオを発見するかです。

よくあるのは自社サイトに会社案内動画を掲載することですが、そもそも会社のサイトのアクセスが少ないからそれを増やすために動画を作るのですから、人がほとんど見ないサイトに立派な会社案内動画を載せても見られることはまれでしょう。

このような状況では動画を作っても、新規客獲得のためというよりは自己満足をするためにしかならないでしょう。

会社案内動画を見てもらう他の方法としては、ユーチューブのサイト内でキーワード検索機能があります。でも、そこであなたの会社名を入れて検索する人達がどれほどいるのでしょうか?

グーグルやヤフージャパンの検索エンジンで会社名を入れても通常、ユーチューブ動画は出てきません。

後の章で解説するようにグーグルやヤフージャパンの検索結果に動画が表示され

るのは会社名ではなく、「～の方法」などの何かのやり方を説明する動画や、複数の単語の組み合わせによる複合キーワードばかりです。

会社案内動画を作ってもほとんど見てもらえないもう一つの理由としては、ユーチューブ動画を見ようとするユーザーは役に立つ情報、または娯楽情報を得ようとする人達がほとんどだということがあります。

会社案内のような企業のＣＭのようなものをわざわざ時間を割いて見ようとする人達は、ほとんどいないと思った方がよいです。

つまり再生回数を稼げる動画は会社案内動画ではないのです（視聴回数を稼げる動画は次章から詳しく解説します）。

このような理由から会社案内の動画を1本、または数本撮影してユーチューブにアップしてもそれが直接、新規客の獲得に貢献する可能性は非常に低いのが現実です。

▶商品・サービスを説明するだけのビデオを業者任せで高額な制作費を払って作ってしまった

次に失敗例として多いのが自社の商品やサービスについてダラダラと一方通行の情報を提供するだけの動画です。

たくさんの人達に見られる動画は「役に立つ動画」、または「面白い動画」のいずれかです。

自社の商品やサービスについて一方的に工夫もなく、ＣＭのように情報を垂れ流す動画は会社案内動画と同じように売り手の一方的な自己満足で終わることがほとんどです。

しかも、自分たちが情熱を込めて不器用ながらも動画を制作すれば、面白い動画になる可能性が生まれるかもしれません。しかし、ビデオ制作会社に丸投げで制作依頼をしてしまうケースが多いため、発注者の意図や発注者の個性が動画に反映されにくくなることが多々あります。

そのため、誰が見ても無難な面白みのないキレイなだけのCMのような動画が作られることが多いのです。

そうした無難な動画をたとえネットユーザーが見たとしても、最後まで再生しないで途中で止めて離脱するリスクが高まります。

会社案内の動画もそうですが、商品・サービスのプロモーションビデオもプロの業者さんに丸投げすれば数十万円は最低かかるので、出した費用の割に新規客の獲得につながらないという思いだけが残り、動画そのものに対して「意味がない」「集客につながらない」という誤った認識を持ってしまいます。この思い出がいわば動画に対する「トラウマ」になってしまうのです。

▶ユーチューブがはやると聞いて試しにいくつか作ってみただけ

トラウマになってしまうのは高額な料金を払ってプロに丸投げしたときばかりではありません。

家電店で購入したビデオカメラを使って思い付きで適当に動画を取り、安くはない動画編集ソフトを購入して四苦八苦して自分で動画を作ったときに集客につながらないことがほとんどです。

新規客を集める動画には一定の法則や作り方があり、それを知らないでただ数だけ作っても個々の動画の再生回数は一桁台がせいぜいで、１００回を超えることはなかなかないのが現実です。

思い付きで作った動画でしかも動画そのものが検索エンジンで上位表示しなければ、ネットユーザーに見てもらうチャンスはほとんどありません。

そうした動画を作っても、新規客の獲得を目指すあなたには、ほとんど意味はないのです。

YouTube SEO 集客できるユーチューブ動画を作るには？

こうした失敗を避けて、集客できるユーチューブ動画作るために筆者とそのクライアント企業の人達が２００７年くらいから今日まで試行錯誤を繰り返してきました。

どういう動画がアクセスを稼げるのか、どういうテーマの動画なら検索エンジンで上位表示できるのかがやっと体系的なテクニックという形で浮かび上がってきました。

そして、そのテクニックをさらに多くの企業や個人の方が試して事例の数が増えてきたので、本書で発表するというところまでたどり着くことができました。

インターネット集客の本来の素晴らしさは、資本がたくさんなくても知恵を絞って一定の努力をすれば誰でも集客ができるというところです。

しかし、先程も申し上げたように、たくさんの資金を必要とするネット広告を利用できない状況にある場合は、集客が困難になるばかりです。

このような状況は不公平であり、本来のインターネットの活力そのものを奪い、経済にも、消費者の生活にも、決してよい結果をもたらすとは思えません。

ユーチューブという誰でも無料で活用できるツールを利用することにより、ネット集客の成功、ＳＥＯ対策の成功をあなたに勝ち取っていただきたいのです。

そして知恵と努力が、大資本にも勝つときがあるのだということを実感していただきたいです。

それを実現するためには、

何のために見込み客がグーグルやヤフージャパンで検索して動画を見るのか、その目的、動機を予測する

ことです。

自分が作りたい動画が何かという個人的な欲求を抑えて冷静に考える必要があります。

見込み客が検索エンジンで動画を見る動機とは具体的に

- 悩みを解決したい
- 疑問を解消したい
- 商品・サービスが自分の問題を解決できるものかを知りたい

という3つが考えられます。

▶悩みを解決したい

たとえば、ある人が「加齢臭がする」と人から言われて加齢臭の悩みを持っているとします。

その人は加齢臭の悩みを抱えており、それをなるべく早く解決したいと思います。色々と考えた末に、自分の摂っている食事に問題があるのではないかと感じたら、検索エンジンで「加齢臭を抑える食事」というキーワードで検索するかもしれません。

加齢臭を抑えるサプリメントを販売しているMFCという会社は、実際にそのキーワードで検索するとグーグルやヤフージャパンで1位に表示されるユーチューブ動画を作り、自社サイトへの誘導に成功しています。

◉「加齢臭を抑える食事」での検索結果

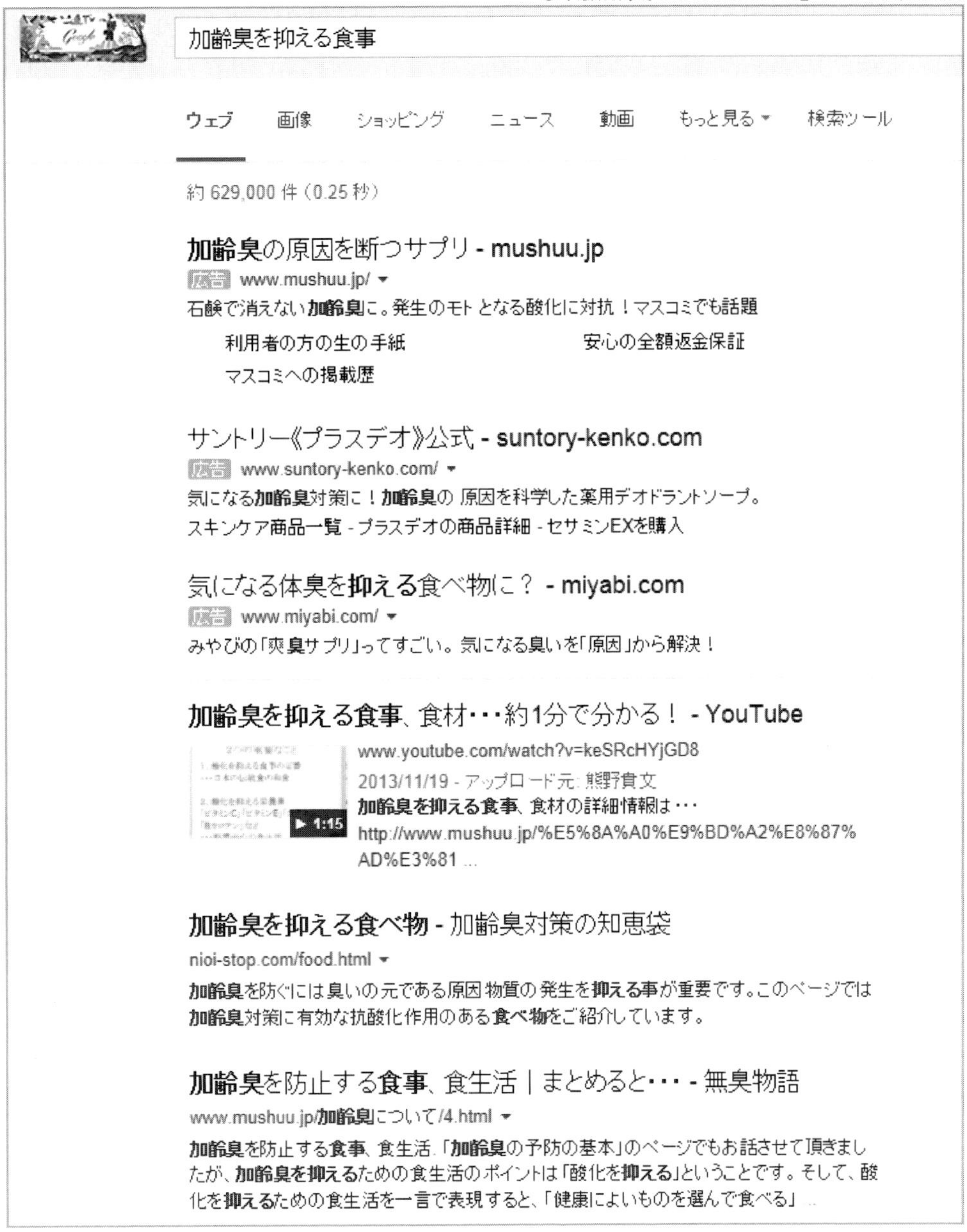

見込み客が抱える悩みを解消するためにどのようなキーワードで検索するかを予想してそのキーワードをテーマにしたユーチューブ動画を作れば、このように実際に検索エンジンで上位表示して、自社サイトに誘導することが可能になります。

▶疑問を解消したい

悩みというほど深刻でなくても、「あれはどうやってやるのだろう?」と思ったときに人に聞くのではなく、検索エンジンで検索して情報を見つけるということが一般化してきています。

たとえば、医療用ウィッグを購入した方がヘアアレンジの方法を知りたいとします。

その場合、検索エンジンで「ウィッグのアレンジ方法」という言葉で検索すると「かつら専門店あっちパパ」というお店が作ったユーチューブ動画が検索結果の1位に表示され、これも自社サイトに動画紹介ページから効果的にリンクを張って誘導し、商品の販売に成功することができた例です。

実際にウィッグを購入した人が何人も「ユーチューブの動画を見ましたよ」と言ってくださっているので効果があることがわかったとのことです。

　髪の毛のいじり方などは、ウェブページの言葉だけや写真だけではわかりにくくても、動きを伴う動画だと非常にわかりやすくなるので喜んでいただいたそうです。

◉「ウィッグのアレンジ方法」での検索結果

▶商品・サービスが自分の問題を解決できるものかを知りたい

先程の2つの例は見込み客が特にこの商品が欲しいとか、このサービスを利用したいという意識はなく、悩みや、疑問を解消するための検索でしたが、ある程度この商品やサービスがよいのではないかと自分の問題を解決するための情報を持っている場合は、次のような行動が予想できます。

商品の機能・性能を知りたい

自分の抱える問題を解決するためにはこの商品が必要なのではと思っている見込み客には、その商品の機能・性能を紹介する動画を作り、ユーチューブにアップすると見てもらえる可能性が生じます。

たとえば、「餃子製造機」という言葉で検索すると、グーグルやヤフージャパンの4、5、6位にユーチューブ動画が表示されます。このうち、2つはテレビ番組の動画ですが、残り1つは餃子製造機という商品を販売している会社の商品説明動画です。

◉「餃子製造機」での検索結果

餃子製造機械のトーセー工業株式会社

www.tosei.biz/ ▾

餃子製造機の分野で新しいテクノロジーを提案し続ける創造企業、トーセー工業株式会社。手作りのおいしさを大切にし、しかも大量生産を可能にした独自の技術で、世界ではじめて全自動**餃子製造機**の完成を実現しました。

餃子製造機 餃子革命 テレビ東京系 **2013年7月22日**放送 未来 **...**

www.youtube.com/watch?v=CNbEBoO1W9U ▾

▶ 4:15

2013/07/25 - アップロード元: gyouza D

テレビ東京系 2013年7月22日放送 未来世紀ジパング 浜松**餃子**グランプリ 工場直販 生**餃子**工房 浜太郎 インター近く ...

小型具充填装置【小型**餃子製造機**】 **- YouTube**

www.youtube.com/watch?v=QkFI2UB9di4 ▾

▶ 7:27

2013/08/29 - アップロード元: gyouza D

小型具充填装置【小型**餃子製造機**】 小型**餃子製造機** 小型饺子机 Compact Gyoza-making Machines 他動画 https://www.youtube.com ...

餃子製造機 餃子革命 日テレ **2013年06月12日**放送 スッキリ **...**

www.youtube.com/watch?v=Y-iWDUtQ7x4 ▾

▶ 6:42

2013/06/28 - アップロード元: gyouza D

日テレ 2013年06月12日放送 スッキリ!! ぎょうざ製造機 餃子革命 東亜工業株式会社 **餃子製造機** Compact Gyoza ...

餃子（ギョーザ）成形機｜食品機械・**餃子製造機**の大英技研株式 **...**

www.daiei-giken.co.jp › 食品機械一覧 ▾

食品機械・**餃子製造機**の大英技研株式会社のウェブサイトをご覧いただきありがとうございます。餃子（ギョーザ）製造機・餃子（ギョーザ）成形機についてご紹介いたします。

食品機械・**餃子製造機**の大英技研株式会社

www.daiei-giken.co.jp/ ▾

兵庫県尼崎市。春巻成形機・**餃子製造機**ほか中華惣菜向け食品製造機械などの開発。会社概要、製品紹介。

餃子製造機の購入を検討している人で、どのような動作をするのか、どうやって餃子を作るのかを見たい人は、ショールームや工場に見学しにいかなくてもネットで簡単にその様子を見ることができたら便利なはずです。

動画というメディアに適した情報はこのような動作が見たいという欲求を満たすものが有力です。

動作以外には、音が聞きたいというニーズもあります。自動車のエンジン音や調理器具で野菜を切っている音、ボイストレーニング教室での発声練習の声、音楽教室での楽器の音など、消費者が音に関心を持つ商材を扱っている場合は動画のプレゼンテーションは特に効果的です。

サービスが提供されている様子が見たい

見込み客が利用を検討しているサービスを申込みする前に、事前にサービスの内容を詳しく知りたい、それも実際にサービスが提供されている様子を動画で見ることができたらウェブページの文字を読んだり、イメージ写真だけを見たりするよりも便利でしょう。

実際に「家事代行　作業」というキーワードで検索すると、家事代行会社のホームページにリンクを張って誘導しているユーチューブ動画が検索結果の1位に表示されています。

しかも、「真心を込めた作業です」と書かれており、消費者が自分の家を丁寧に扱ってほしいという心理を理解しているようなので、見込み客のクリックを誘発するようにもなっています。

◉「家事代行　作業」での検索結果

家事代行『東京』の動画です。真心込めた作業です ... - YouTube
www.youtube.com/watch?v=WLb1vXhVQ2c
2012/02/28 - アップロード元: kajidaikou1997
東京の家事代行の浴室清掃の動画です。東京の家事代行はアドバンスサービスにお任せください。もちろんこの動画は撮 ...
▶ 4:39
日程・作業時間について よくある質問 | 家事代行のマエストロ ...
www.maestroservice.co.jp › よくある質問
日程・作業時間について(5). Q1. 当日のサービス時間の延長はできますか？ 担当者の予定によっては延長が可能です。事務所にお問合せ頂くか、サービス開始後であれば、スタッフに直接ご確認下さい。尚、サービスの延長は30分単位で可能です。
マエストロのサービススタッフ | 家事代行のマエストロサービス
www.maestroservice.co.jp › マエストロのこだわり
家事は一見単純そうに見えて、なかなか奥の深いもの。特にお掃除はスタッフの腕前によって差が出てしまいがちな部分です。いかにして高品質なサービスを提供するか、マエストロでは下記のような仕組みを通して、サービススタッフの作業品質向上を目指し、 ...

他にも「ギター教室　練習」や「ピアノ　練習」で検索すると音楽教室の練習風景が上位表示されています。

こうした情報は単に見込み客を自社サイトに誘導するだけではなく、動画の中身が納得いくものなら購買を促す可能性も充分に生じるでしょう。

商品の組み立て方を説明してほしい

自分で組み立てる必要のある商品を購入する前に、その組み立て方を知りたいと思えば「〜組み立て方」という検索キーワードで検索する可能性があります。

実際に「ベビーベッド　組み立て方」という言葉で検索すると、ベビーベッドの組み立て方を説明している動画が検索結果の2位、3位に表示されています。

◉「ベビーベッド　組み立て方」での検索結果

ベビーベッドの**組立て方** - ベビーベッドレンタル

www.babybed-rental.jp/asse.html ▾

ベビーベッドを組立の際は、同封の組立説明書をよく読んでお気をつけて組み立ててください！ 誤った**組み立て方**(使い方)をして思わぬ事故を起こした例もありますので、正しい**組立て方**(使い方)に十分ご注意いただき、赤ちゃんの安全をお守りください。

CAUJAI【 はたらく動画 】**組立**手順 ベビーベット - YouTube

www.youtube.com/watch?v=h2vIFcgvo4I

2010/10/01 - アップロード元: EarthMachineDesign

ベビーベットの組立てや分解、正しくできますか?間違える ... お里帰りベッドリトルエンジェルベッドの**組立方** by infobabyfriend 2,811 views ...

お里帰り**ベッド**リトルエンジェル**ベッド**の**組立方** - YouTube

www.youtube.com/watch?v=9V4YVP5mtJ8

2009/10/08 - アップロード元: infobabyfriend

月齢3ヵ月までの**ベビー**が使用するお里帰り**ベッド**の **組立方**です。とって簡単 ！

yamatoya | **組み立て方**:**ベッド**について - 大和屋

www.yamatoya-jp.com/question/bed-movies.html ▾

ベビーベッド(スライド開閉タイプ) **組み立て方**. LUプレイペン**ベビーベッド** **ベビーベッド**の**組み立て方**. LUプレイペン**ベビーベッド** プレイペン(小)の**組み立て方**. LUプレイペンベビーベッド プレイペン(大)の**組み立て方** ...

SNIGLAR ベビーベッド - IKEA

www.ikea.com › ホーム › キッズ › ベビーベッド ▾

IKEA - SNIGLAR, **ベビーベッド** , ベッドベースの高さは2段階に調節できますベッドベースには高い安全性とサポート性がテストで ... ベッド幅: 60 cm ベッド長: 120 cm 最大荷重: 20 kg. この商品は**組み立て**が必要です. 主な特徴. -ベッドベースの高さは2段階に ...

その他にもユーチューブ動画が「ギタースタンド　組み立て方」で1位に、「PC自作　組み立て方」で5位に、「テント　組み立て方」で2位に表示されています。

商品の活用方法が知りたい

商品を購入する前に、その商品の活用方法が知りたいという人もいます。

言葉で説明するよりも動画の方が活用するための手順がわかりやすいものは、検索結果の上位に表示されやすくなってきています。

たとえば、「スカイプ　使い方」で検索すると、使い方の手順をパソコンの画面をキャプチャー動画として撮影した非常に親切な動画が検索結果の10位に表示されており、視聴回数は7万回を超え、その動画へのコメントが21件も書き込まれています。そしてそのほとんどが感謝のメッセージになっています。

以上が検索エンジンで動画を見るときの動機です。これらの動機を持った見込み客のニーズを満たすためにユーチューブ動画を作ることによって、あなたの動画が実際に大勢の人達に見てもらえる可能性が生じるのです。

あなたのニーズを満たすためではありません。見込み客のニーズを満たすためのユーチューブ動画を作らなくてはなりません。

YouTube SEO

ビジネス用のユーチューブ動画には2種類ある

ビジネスとしてユーチューブ動画を作るときに忘れてはならないことがあります。
それはビジネスにおけるユーチューブ動画には、2つの種類があるということです。
それらは、

- 見込み客を集めるためだけの動画・・・『マグネット動画』
- 成約率を高めるための動画・・・『コンバージョン動画』

の2つです。

これまで説明してきた、見込み客が検索エンジンで動画を見る動機の

- 悩みを解決したい
- 疑問を解消したい
- 商品・サービスが自分の問題を解決できるものかを知りたい

という3つの動画は

見込み客を集めるためだけの動画・・・『マグネット動画』

になります。マグネット動画というのは磁石のように見込み客を引き寄せるという意味です。

本書の目標は、あなたがユーチューブ動画を作ることによって見込み客をあなたの会社のサイトに誘導する方法を習得することです。

そのために最低限の労力で集客効果のある動画を作る方法をご説明します。

ただ、これら3つのニーズ以外にも、もう一つニーズが考えられます。それは

会社が信頼できるかを知りたい

というニーズです。

見込み客が動画を見る動機の最後が購入しようとする商品、サービスを提供している会社が信用できそうかを知るために会社案内ページや、店舗紹介ページを見るというものがあります。

実際にネット上にはたくさんの会社案内動画がすでにあります。
ただ、この種類の動画の前提は、あくまでも自社サイトのアクセスが一定数以上あり、たくさんの見込み客がサイトに見にてくれていることです。

会社案内動画は新規客を自社サイトに誘導するための動画ではなく、

成約率を高めるための動画・・・『コンバージョン動画』

という自社サイトに来てくれた人に見てもらうための成約率アップのための動画に分類されます。

ユーチューブ動画の失敗の原因で多いのが、自社の知名度が低いのに、いきなり『コンバージョン動画』を作ってしまい、見込み客が集まらずに絶望してしまうことです。

自社の知名度が低い場合は、そもそも自社のサイトにたくさんの見込み客が来ていないので、『コンバージョン動画』を作っても見込み客の絶対数が少ないので売上アップには貢献できないのです。

自社サイトのアクセス数が現在は少なく、それを飛躍的に増やすためにはコンバージョン動画を作るのではなく、自社のことをまったく知らない見込み客をグーグルやヤフージャパンの検索結果画面から集めるためだけの動画『マグネット動画』

を作る必要があります。

問題はそれをいかに

- たくさん作れるか?
- 短時間で作れるか?
- 低コストで作れるか?
- 効果的な告知、動画のSEO対策をして視聴回数を稼げるか?

です。

1つの動画をつくるのに何日間もかけるとか、何十万円ものコストをかけていてはだめです。

なぜなら、たった1本の動画、あるいはほんの数本の動画をユーチューブにアップしても、そこにはすでに数えきれないほどの動画がアップされているので埋もれてしまうからです。

筆者のクライアント企業や筆者自身も最低30本くらいの動画をアップして初めて新規客が増えてきたという実感を持てるようになりました。

その最低30本くらいの動画を作るのに1本30万円かけていたら９００万円もかかるでしょうし、1本5時間もかけていたら30本つくるのに１５０時間もかかってしまいます。

それだけのお金や時間があるならば、もっと他の方面に投資したほうがより効率的に見込み客を獲得できるでしょう。

目標は1本あたりの撮影＋制作時間1時間以内、コストは1万円以内にすることです。そのくらいの時間的、金銭的投資ならやってみる価値はあるのではないでしょうか？

▶見込み客を集めるユーチューブ動画SEO対策 4つのステップ

具体的にどのようにして見込み客を磁石の方に集めるマグネット動画を作るのかというと、そのステップは次の4つになります。

❶需要調査
❷企画
❸制作
❹公開

次章以降では、それぞれのステップについて詳しく解説します。

第2章
ユーチューブ動画SEO対策 4つのステップ その1：〈需要調査〉

YouTube SEO

需要のある動画のテーマを探す方法

ほとんどの人にとって興味がない動画をあなたが作っても、視聴回数を増やすことはできません。これは、つまらないテレビ番組を制作するのと同じことです。

たくさんの見込み客を磁石のように引きつけるマグネット動画を作るには、人々が見たいという「需要がある」動画を作ることが根本的に重要なことです。

会社案内動画はマグネット動画にはならないと度々述べましたが、あなたの会社そのもののことを動画で見たいという人はいるかもしれませんが、その需要は多くはないはずです。

問題はどうやって需要のあるテーマを見つけるかです。

幸い、インターネットを使えば、無料で調べることができます。

▶動画検索で競合調査

需要のある動画のテーマを探す方法はグーグルの動画検索を使うことです。グーグルは私たちがウェブページを探すときに使うウェブページ検索だけではなく、画像検索、地図検索、ニュース検索など、幅広い情報ジャンルを検索できる総合的な検索エンジンです。

それらの情報ジャンルの1つに動画検索というものがあります。通常のグーグルにキーワードを入れてからヘッダーメニューにある「動画」というタブをクリックすると、ユーチューブ動画やニコニコ動画をはじめ、さまざまなサイトで公開されている動画だけの検索結果が表示されます（ヘッダーメニューに表示されていない場合は「もっと見る」というリンクをクリックすると、その中に動画という項目があります）。

たとえば、下の図はグーグルの動画検索で「ケーキ」というキーワードで検索した検索結果ページです。

検索結果ページのどこを見ればどんな動画が人気なのかがわかるかというと、

- 動画の再生回数と公開日
- 動画の統計情報
- コメントの多さと
コメントの内容
- 「グッドボタン」の数と
「低く評価ボタン」の数

◉動画の検索

●チャンネル登録者数

の5つのデータです。

これら5つのデータを見ると、どんな動画が人気なのかがわかります。人気があるということは、そうした種類の動画の需要が高い可能性があるということがいえます。

それぞれ詳しく見ていきましょう。

動画の再生回数と公開日

再生回数が多ければ、それだけ多くの人達が見ているということになるので、人気があるといえます。

需要がほとんどない動画をユーチューブにアップしても、自分の再生回数や関係者の再生回数を足して合計数十回を稼ぐのがやっとです。

たとえば、「ケーキ」というキーワードでグーグルの動画検索をすると2位に表示される「【スイーツレシピ】苺チョコショートケーキStrawberry chocolate shortcake」というタイトルのユーチューブ動画の視聴回数は、本書を書いている時点で再生回数21万6714回も再生されています。

こうした再生回数が多い動画を見つけたら、実際に再生して内容を観察してください。

そうすると何をテーマにしているのか、どのようなレベルなのか、見せ方はどうなのか、何を伝えようとしているのかなど、需要のある動画を作る上で知るべきことが学べます。

ただし、ここではもう一つ見るべき点があります。それはその動画がいつ公開されたかです。

どんなに再生回数が多くとも5年前に公開して稼いだ数字かもしれませんし、再生回数が少なくてもつい最近公開したものなら1日あたりの再生回数は多く、実際にはより人気があることがありえます。

動画の統計情報

その動画がどれほど人気があるかを推測するためのもう一つのデータがあります。それは動画の統計情報です。これはその動画の再生回数の推移を時系列でグラフ化したものです。

グラフの伸びが衰えてきているものは少しずつしか視聴者が増えていないので、次ページの上段の図のようなグラフになります。

反対に次ページの下段の図は再生回数の伸び率が高く、需要のある人気動画の可能性があります。

◉人気があまりない動画の場合のグラフ

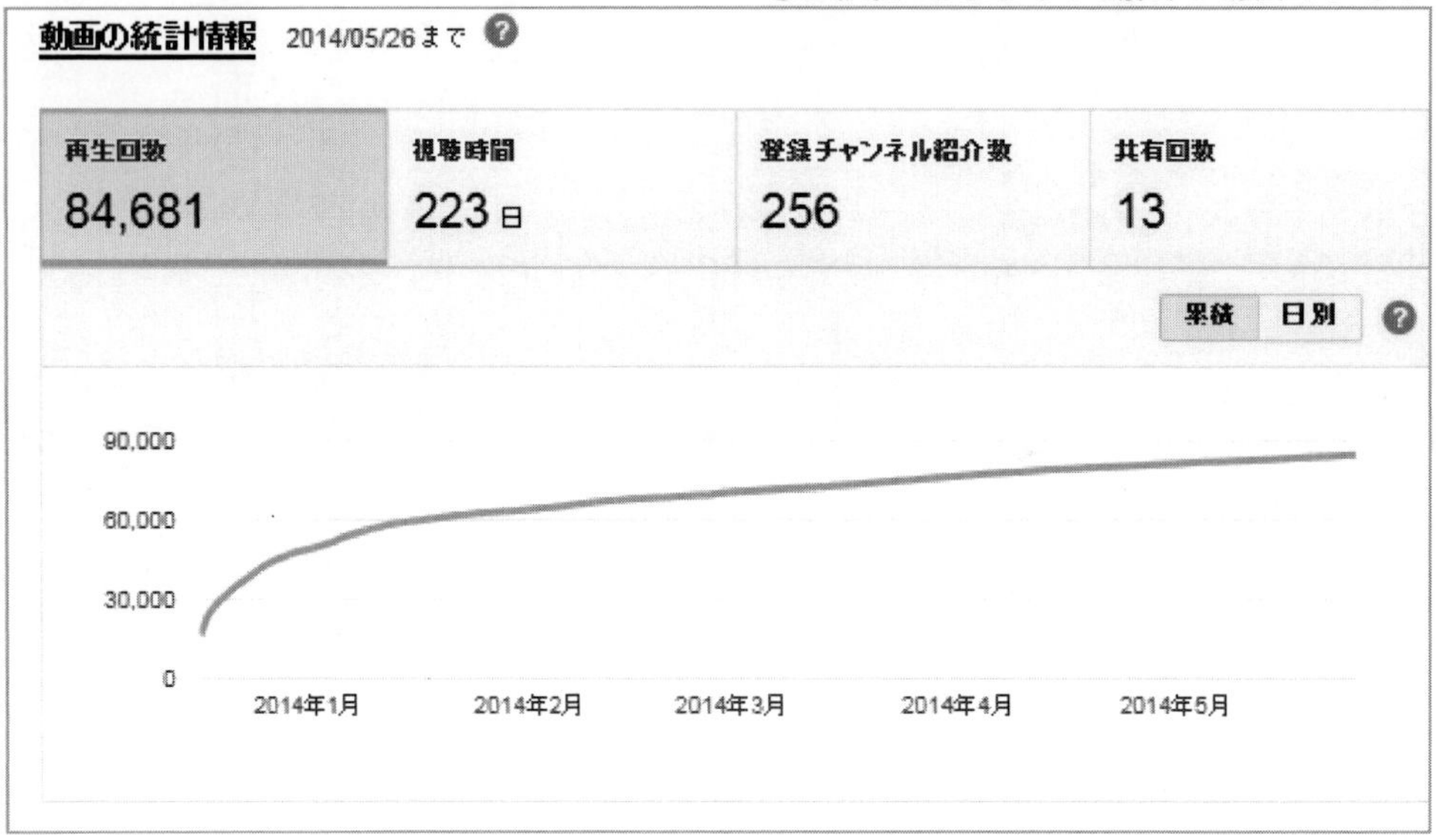

◉人気動画の可能性がある場合のグラフ

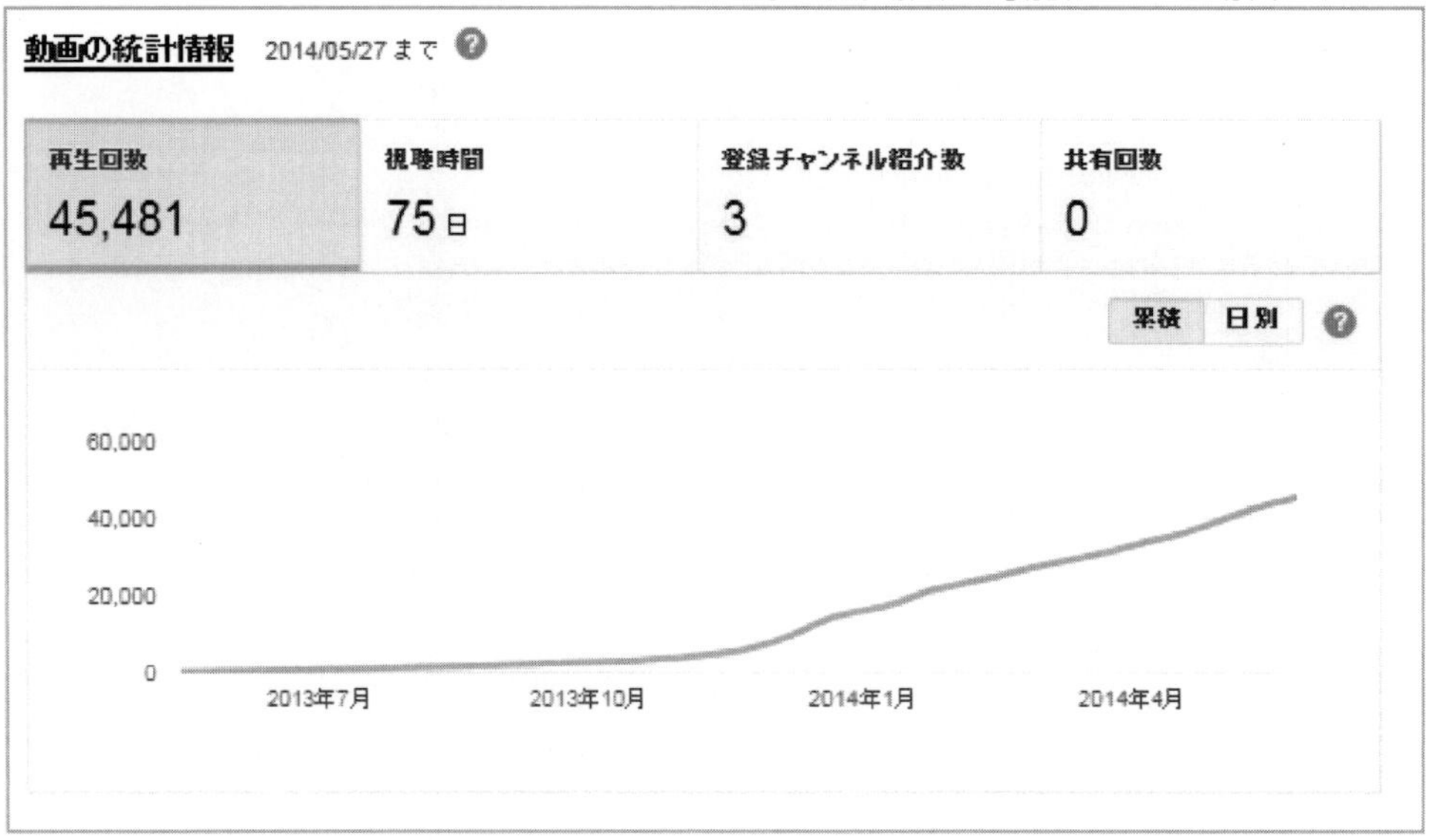

コメントの多さとコメントの内容

動画の人気度を測るもう一つの指標はコメントの多さとその内容です。たとえば、先程の例でご紹介したグーグルの動画検索2位のケーキ店の動画に対するコメント数は65件もあり、内容的には「綺麗…」というコメントやポジティブなコメントが多々あることがわかります。他にも「どうやって、こんな綺麗な動画を⁉」というのがありますので食べ物の動画はきれいさが重要だということがわかりますし、「すごく美味しそう！」というのも撮り方が非常にきれいなためではないかということがわかります。

なお、コメントは受付をしている場合だけ投稿できます。また、動画の統計情報も動画のオーナーが閲覧を許可したときだけしか見られません。

◉コメントの例

すべてのコメント（65）
思いついたことを書いてみましょう
評価順
姫榊舞 Google+ から 1 年前
お菓子作りもいいかもな・・・
返信
HellsingHQ 4 か月前
For the love of God, someone translate this, please!
翻訳
返信 · 9
4 件の返信すべてを表示
Mouna Lyamani 3 か月前
+Clara Mui Thank you so much !!!
翻訳
返信
Clara Mui 3 か月前
+Mouna Lyamani you are welcome :) I saw so many people requesting a translation for this recipe, so glad that it helps :)
翻訳
返信 · 1
Zehra Suroor 5 か月前
so good!
翻訳
返信
Jasmine Rose 1 週間前
美味しそう～～このケーキを作りたい～～
返信
山田花子 1 か月前
綺麗…!!!!
返信

「グッドボタン」の数と「低く評価ボタン」の数

これはフェイスブックの「いいねボタン」に相当するもので人気のある動画ほどグッドボタンの数が多く、その反対の「低く評価ボタン」を押されることがあるので一定の参考情報になります。

チャンネル登録者数

チャンネルというのは自分がアップロードした動画などを一括で表示できる場所です。動画をユーチューブで公開したい人や企業が持つことのできる、ユーチューブ内のホームページのようなものです。

◉チャンネルの例

特定の動画が気に入ってその作者の動画をもっと見たくなったら、その作者のチャンネル名をクリックすると、その作者のチャンネルを見ることができます。

チャンネル内にある他の動画をもっと見たくても時間がない場合は、ブックマークをするような感覚でチャンネル登録をします。その後、ユーチューブにログインした状態だと下の図のように「登録チャンネル」というリンクがヘッダー部分に表示されるので、そこをクリックすると自分が登録したチャンネルの動画を後から見ることができるようになります。

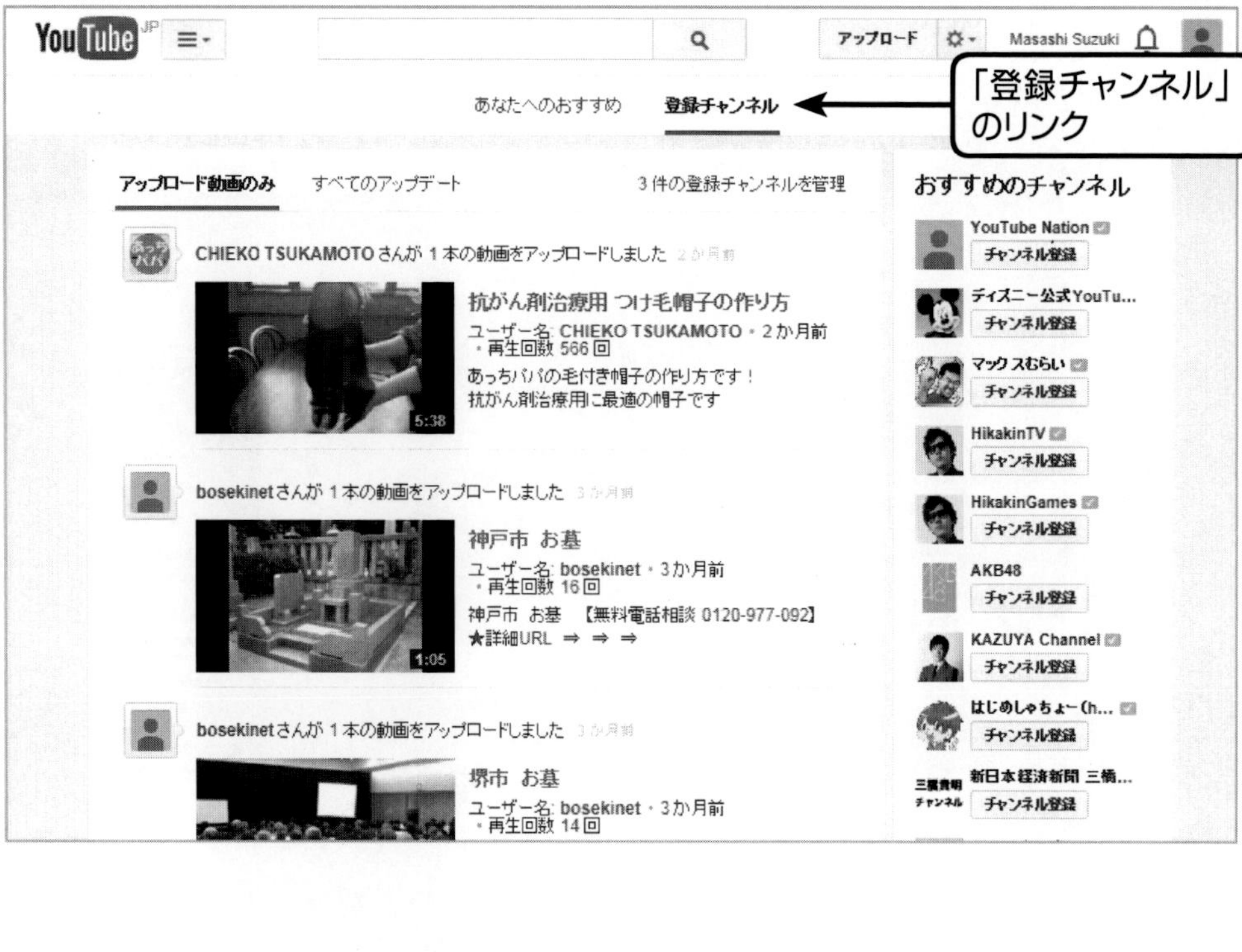

このチャンネルに登録した人達が多ければ多いほど、そのチャンネルの作者の作品は人気があるはずなので、需要がある動画の傾向を知る際の便利なツールになります。

以上が、人気・需要がある動画はどのようなものなのかを調べる方法です。

無論、こうした条件をすべて満たすような動画を作るのは、時間やお金がたくさんかかるはずです。

後の章で説明するように、最低限の時間と費用をかけて工夫をすることによって、磁石のように見込み客を集めるマグネット動画を作ることは不可能ではありません。

ただ、その前にもう一つ重要なことを知っていただく必要があります。

それはグーグルやヤフージャパンで上位表示されやすい動画を、どのような検索キーワードで上位表示を目指すのかという目標キーワードの問題です。

▶グーグルで上位表示されやすいキーワードのパターン

需要がある人気が出そうな動画のテーマの調べ方を説明しましたが、いくら素晴らしい動画を作っても、検索エンジンはたくさんの動画のデータを持っており、その中で上位表示するのは簡単なことではありません。

以前のグーグルやヤフージャパンの検索エンジンは、ウェブページだけを表示してきました。しかし、最近になってウェブページだけではなく、動画も1件から3件くらいは検索結果の1ページ目に表示してくれるようになりました。

しかし、基本的にはウェブページの検索結果画面なので、どうしてもウェブページの方が検索結果に表示される傾向があります。

ウェブページを基本とするウェブ検索で、例外的にあなたのユーチューブ動画を表示させるには、ウェブ検索の検索結果でも上位表示されやすい検索キーワードのパターンを知る必要があります。

◉検索結果に動画も表示される

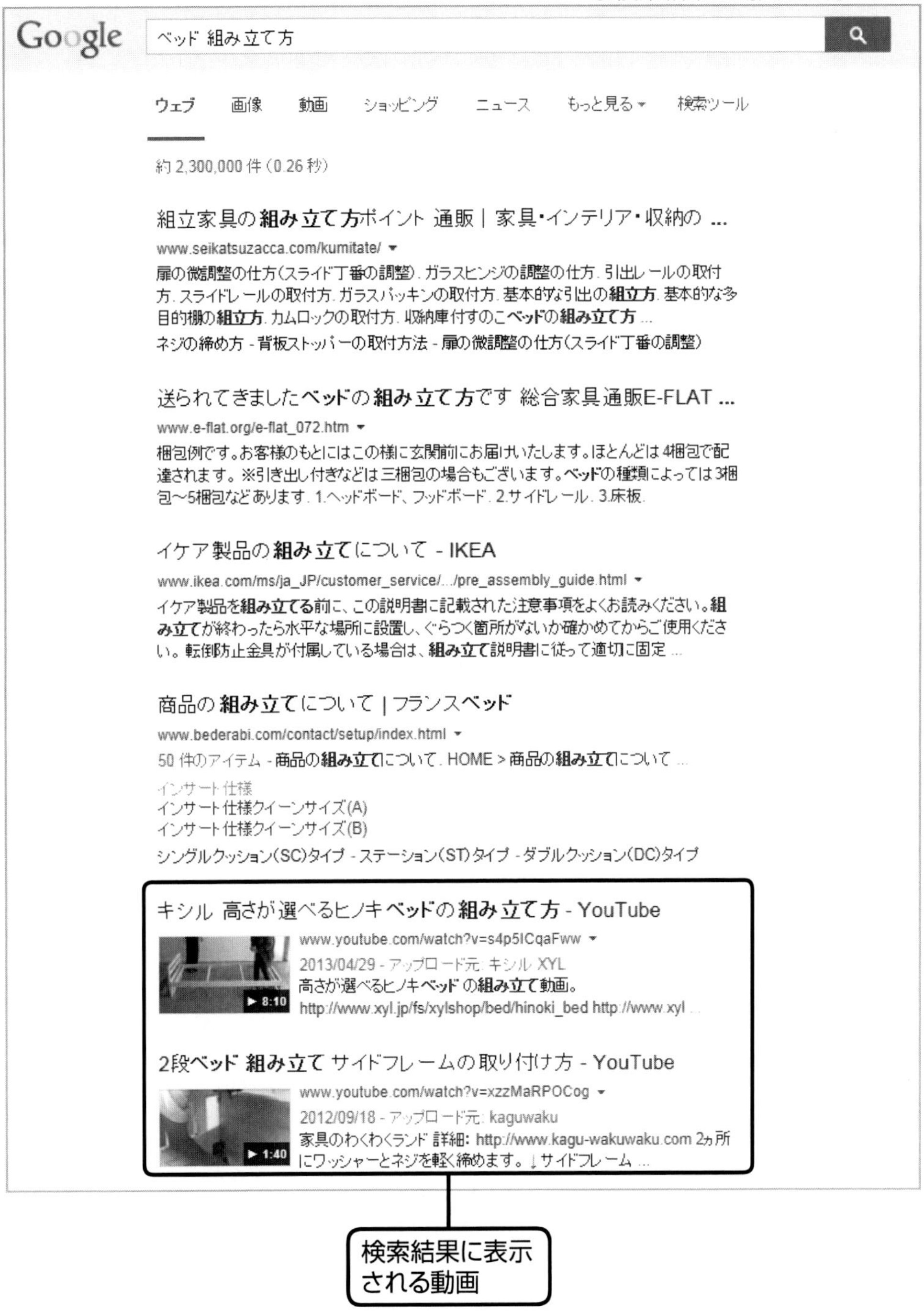

実はユーチューブ動画の上位表示対策、つまり本書のメインテーマであるユーチューブ動画ＳＥＯで成功するためには、この部分が最も重要なのです。

これまで調査した結果、グーグルやヤフージャパンのウェブ検索で上位表示されやすいキーワードは、次のような特徴があることがわかりました。

●やり方の説明（～の方法、～の作り方、～の設置方法）

例：「個人再生の方法」（１位表示）、「シフォンケーキの作り方」（６位、７位表示）、「電動工具　使い方」（５位、６位表示）、「太陽光パネル　設置方法」（１位表示）、「あんかけスパ　作り方」（８位表示）

●数字が含まれたもの（サイズ、重さ、価格帯など）

例：「築50年　リフォーム」（６位表示）、「20キロ痩せるダイエット」（７位、８位表示）、「木造耐火建築２０００万円台」（１位～４位表示）

◉やり方の説明の検索結果の例

あんかけスパの**作り方**。家でも簡単に作れる! - YouTube

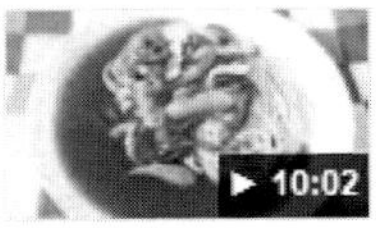

www.youtube.com/watch?v=2G4m3mGj_xw ▾
2012/04/24 - アップロード元: Tsubasa Morino
あんかけスパの改良版レシピはこちらで印刷できるよ↓
http://www.yasaisomurie.net/pdf/25.pdf 森之翼が名古屋 ...

おうちで名古屋ごはん **あんかけスパゲティ**の**作り方**レシピ ...
www.matomater.com › 料理 › 料理レシピ › パスタのレシピ ▾
2013/08/22 - おうちで名古屋ごはん.「みそカツ」や「ひつまぶし」、「天むす」……などなど、名古屋の名物メニュー、ご存じですか? 食べたことがなくても、聞いたことがある人は多いのでは? 首都圏に進出した専門店もあり、全国的にじわじわとそのおいし ...

名古屋**あんかけ**スパゲッティ(ミラカン)〜自家製〜 - 空腹時に見 ...
blogs.yahoo.co.jp/arapro7/51078504.html ▾
2009/10/08 - ...とするご当地料理。**あんかけスパ**にも色々ありますが、王道にして定番なのが「ミラカン. ... **作り方**(パスタ) パスタを茹でたら水で締める。パスタを茹でている間に、ピーマン、タマネギマッシュルーム、赤いウインナーを切っておく。フライパンに ...

◉数字が含まれたものの検索結果の例

築50年の**リフォーム** - YouTube

www.youtube.com/watch?v=ZQRLPxEHEbc ▾
2012/10/25 - アップロード元: ecoreformtokyo
築50年のお住まいの**リフォーム**!着工前〜解体〜工事〜完成の様子をまとめたフォトムービーです。http ...

築50年の家を**リフォーム**/新旧が融合したレトロな中古住宅 ...
example.eco-inc.co.jp/2008/11/post_65.php ▾
築50年の中古住宅を**リフォーム**した事例です。新旧が融合した昭和レトロな空間へのプラン内容から完成の様子をご紹介しています。/お問い合わせはフリーダイヤル:0120-292-575へ、お気軽にどうぞ。

リフォーム事例トータル**リフォーム**(増改築)一覧:**リフォーム** ...
www.vivahome.co.jp › リフォーム&デザインセンター ▾
リフォーム事例、トータル**リフォーム**事例一覧. ... 築年数:50年 工事費用:231万円(材工込・消費税込)※**リフォーム**箇所すべての合計金額 施工期間:11日間 担当店舗:鈴鹿店. 玄関改装. サッシ取替え ... **築50年**の離れが・・・大変身! 1:白を基調にし、天窓を ...

●色の名前が含まれたもの（ベージュ、シルバーなど）

例：「トヨタプリウス　中古　ホワイト」（8位表示）、「組み立て式ベッド　シルバー」（1位表示）

●マイナーな地域名の含まれたもの

例：「串本　海釣り」（1位表示）、「東川口　ピアノ教室」（2位表示）、「国分寺市　屋根修理」（3位表示）

●マイナーな商品名、品番が含まれたもの

例：「アロマ加湿器　shizuku」（8位表示）、「マキタコードレスクリーナー　CL182FDRFW」（4位表示）

●最近の事件、時事問題が含まれたもの

例：「イオン　格安スマホ　速度」（7位）、「耐震偽装　マンション　藤沢市」（4位表示）

◉色の名前が含まれたものの検索結果の例

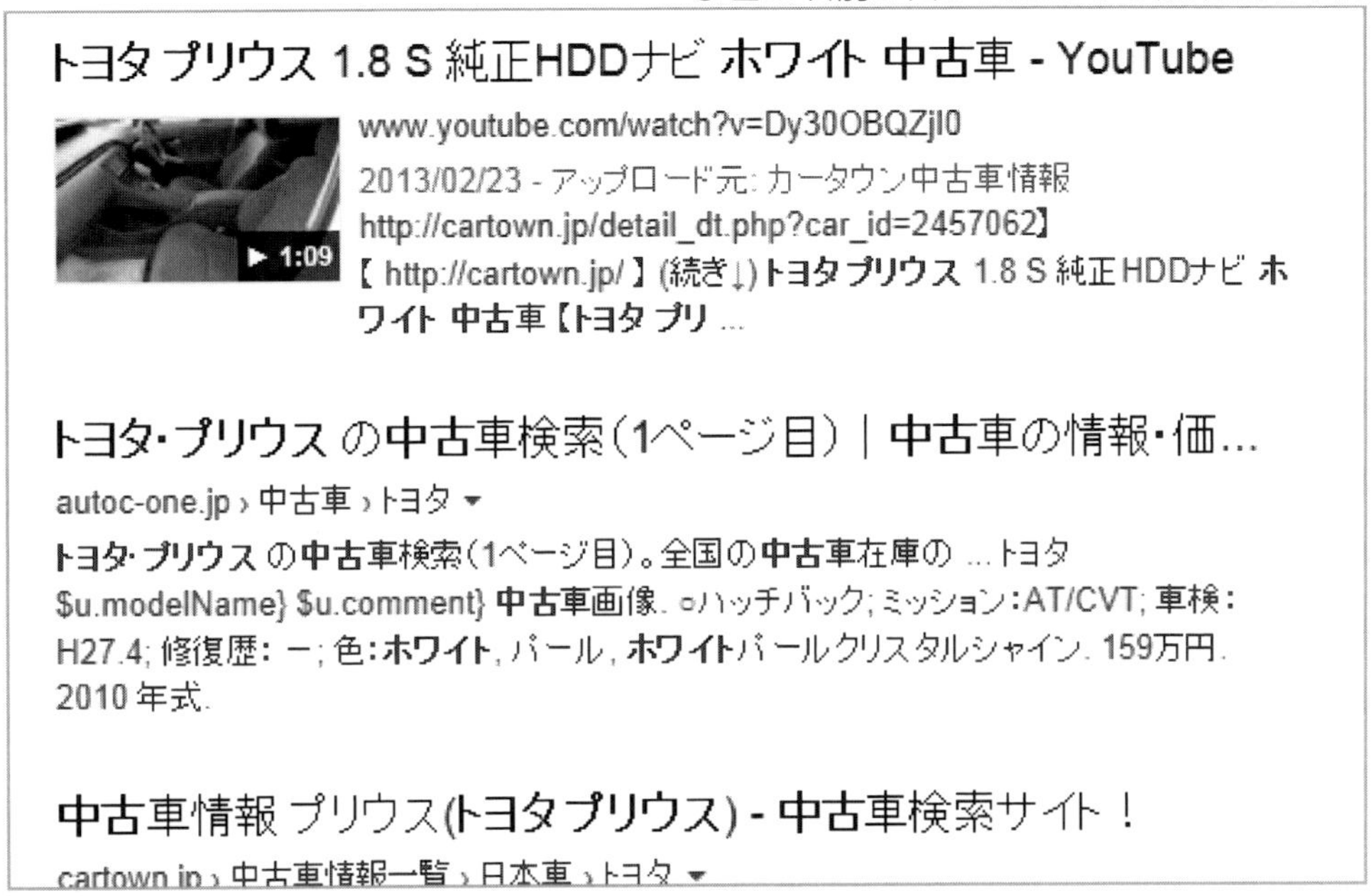

トヨタ プリウス 1.8 S 純正HDDナビ ホワイト 中古車 - YouTube

▶ 1:09

www.youtube.com/watch?v=Dy30OBQZjl0
2013/02/23 - アップロード元: カータウン中古車情報
http://cartown.jp/detail_dt.php?car_id=2457062】
【 http://cartown.jp/ 】(続き↓)トヨタ プリウス 1.8 S 純正HDDナビ ホワイト 中古車【トヨタ プリ ...

トヨタ・プリウス の中古車検索（1ページ目）｜中古車の情報・価...

autoc-one.jp › 中古車 › トヨタ ▾

トヨタ・プリウス の中古車検索（1ページ目）。全国の中古車在庫の ...トヨタ $u.modelName} $u.comment} 中古車画像. ○ハッチバック; ミッション：AT/CVT; 車検：H27.4; 修復歴：ー; 色：ホワイト, パール, ホワイトパールクリスタルシャイン. 159万円. 2010 年式.

中古車情報 プリウス(トヨタ プリウス) - 中古車検索サイト！

cartown.jp › 中古車情報一覧 › 日本車 › トヨタ ▾

◉マイナーな地域名の含まれたものの検索結果の例

東川口・戸塚にある『 ひろこピアノ教室 』- アメーバブログ

ameblo.jp/i-piano262/ ▾

東川口・戸塚にある『 ひろこピアノ教室 』]ー[東川口・戸塚@ひろこピアノ教室]さんのブログです。だんだん日が長くなってきましたね散歩をするにもちょうどいい時期になってきました最近は体重も右肩上がりで、、、太り過ぎに注意ですね*:...｡o○☆ﾟ･:,｡

東川口 ちひろピアノ教室 by エンセン・アド - YouTube

▶ 1:58

www.youtube.com/watch?v=vVGRlutQrWA
2014/04/08 - アップロード元: m2planning
[詳細] http://www.ensen-ado.com/chihiro-pianoschool/ 町のお店ガイド エンセン・アド http://www ...

東川口加藤 | 埼玉県川口市 | ピアノレッスンならカワイ音楽教室 ...

www.kawai.co.jp › 教育事業 ▾

埼玉県川口市戸塚4-26-5. アクセス, 東川口駅より徒歩20分 オリンピック・デニーズ並び関東動物専門学校内. TEL, 048-222-4889. お問合せ, 月〜金 10:00〜17:00 お問い合わせ. 駐車場, 専用駐車場なし ...

◉マイナーな商品名、品番が含まれたものの検索結果の例

超音波式**アロマ加湿器 SHIZUKU しずく**ブルーの魅力 - YouTube

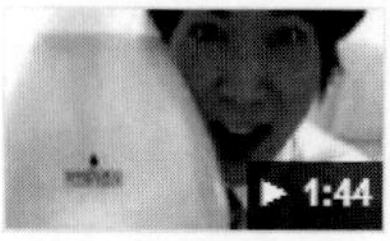

www.youtube.com/watch?v=27C_25IZB4M
2011/12/05 - アップロード元: 吉成聡の放送局
SHIZUKU しずくの ブルーを買っちゃいました！**加湿器**としての性能は十分です！デザインも最高！**アロマ**効果はイマイチ ...

超音波式**アロマ加湿器 SHIZUKU** PLUS+ - Re:CENOインテリア
www.receno.com › デザイン家電 › 加湿器・アロマディフューザー ▾
水滴のようなカタチをした加湿器。アロマ機能と、加湿機能を併せ持った超音波式**アロマ加湿器**です。

超音波**アロマ加湿器SHIZUKU**について水を入れずに動かしても ...
detail.chiebukuro.yahoo.co.jp › ... › 日用品、生活雑貨 ▾
2012/05/05 - 超音波**アロマ加湿器SHIZUKU**について水を入れずに動かしても壊れないでしょうか？アロマだけを楽しみたいのですが。

◉最近の事件、時事問題が含まれたものの検索結果の例

イオンが**格安スマホ**発売へ 機能・**速度**絞り月2980円 - YouTube

www.youtube.com/watch?v=aXERAE4Y71o
2014/04/04 - アップロード元: nonon ノノン
安いのはワケあり、ほとんどネットを使わ無いライトユーザーはこれです。これで全体の価格競争になれば・・基本＞動画やネットはWifiを使っ ...

「ビックカメラの**格安スマホ**」が月2830円で登場も、やっぱり安く ...
smaho-dictionary.net › MVNO ▾
2014/04/18 - ビックカメラが4月18日から「**イオンのスマホ**」の類似サービスでなる、**格安**SIMとSIMフリースマートフォンのセット販売を ... 回線なのに対して、こちらは3GでもFOMAプラスエリアに端末が対応しているため、14Mと十分高速な**速度**を出せます。

イオンの**格安スマホ**が絶好調なワケ：日経ビジネスオンライン
business.nikkeibp.co.jp › ... › 石川温の「スマホニュース斜め読み」 ▾
2014/04/11 - **イオン**が4月4日に発売したスマートフォンが絶好調だ。通信**速度**は最高200kbpsと遅いが、Nexus4の端末代金がセットになって月額2980円という安さが魅力。さらに、大手スーパーが売り出したというのが、大きなポイントだ。

●固有名詞（建物の名前、人名）

例：「セザール第三西馬込　中古マンション」（1位表示）、「沢尻エリカ　ドラマ　復帰」（13位）

以上ですが、これらウェブ検索で上位表示されやすいキーワードは、比較的マイナーなシングルキーワード、ダブルキーワード、トリプルキーワードだと上位表示されやすいものだということがいえます。

こうした傾向を把握した上で動画の目標キーワードを決めるようにしてください。それにより上位表示されやすくなり、あなたの動画がより多くの人達の目に付くようになります。

◉固有名詞の検索結果の例

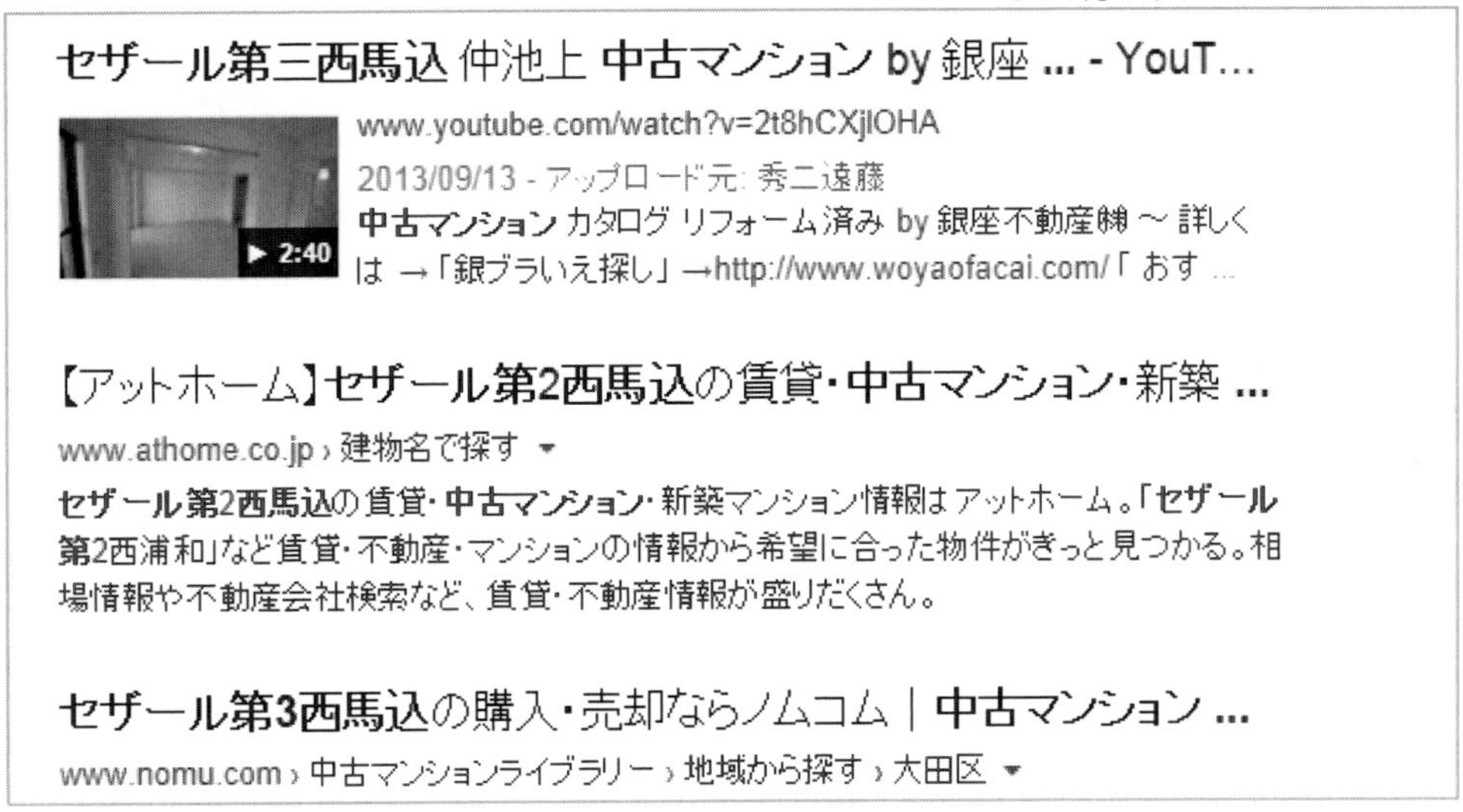
セザール第三西馬込 仲池上 **中古マンション** by 銀座 ... - YouT...
www.youtube.com/watch?v=2t8hCXjlOHA
2013/09/13 - アップロード元: 秀二遠藤
中古マンション カタログ リフォーム済み by 銀座不動産舗 〜 詳しくは →「銀ブラいえ探し」→http://www.woyaofacai.com/「おす ...

【アットホーム】**セザール第2西馬込**の賃貸・**中古マンション**・新築 ...
www.athome.co.jp › 建物名で探す
セザール第2西馬込の賃貸・**中古マンション**・新築マンション情報はアットホーム。「**セザール第2西**浦和」など賃貸・不動産・マンションの情報から希望に合った物件がきっと見つかる。相場情報や不動産会社検索など、賃貸・不動産情報が盛りだくさん。

セザール第3西馬込の購入・売却ならノムコム｜**中古マンション** ...
www.nomu.com › 中古マンションライブラリー › 地域から探す › 大田区

YouTube SEO

自分が売りたい商材のキーワードをグーグルの動画検索で検索して見つける方法

先程の話は、上位表示されやすいキーワードの一般的な傾向でしたが、これをあなたの業界、商材という枠組みの中でどのように応用したらよいのでしょうか？

あなたの業界、商材の枠組みの中で上位表示されやすいキーワードを見つける方法が明らかになってきました。

それは次の5つのステップです。

❶あなたが売りたい商品・サービスを一言で言い表すメインキーワードを考える
❷グーグルの動画検索で、そのキーワードで検索してみる
❸検索結果トップ20の動画のタイトルにどのようなサブキーワードが含まれているかを観察する

❹メインキーワードとサブキーワードの組み合わせのキーワードで、グーグルのウェブ検索で検索してみる

❺検索結果の上位50位までを見てユーチューブ動画が何件表示されるかを観察する

これらを順番に行い、ユーチューブ動画が1件だけ表示されていたら、その組み合わせのキーワードをタイトルに含めた動画を作ってユーチューブにアップします。

もし、検索結果の上位50位までにユーチューブ動画が2件以上、表示されていたら、その組み合わせのキーワードで上位表示するのは困難なので、別の組み合わせのキーワードを探して❷~❺を行います。

それではこのステップを実際の例を見ながら検証してみましょう。

❶あなたが売りたい商品・サービスを一言で言い表すメインキーワードを考える

たとえば、あなたが「組立式ベッド」を売りたいとします。

その場合のあなたのメインキーワードは「組立式ベッド」です。

❷グーグルの動画検索で、そのキーワードで検索してみる

「組立式ベッド」でグーグルの動画検索をします（ここでは動画検索なので注意）。

●「組立式ベッド」でのグーグルの動画検索の検索結果

❸検索結果トップ20の動画のタイトルにどのようなサブキーワードが含まれているかを観察する

動画のタイトルというのは、検索結果にあるブルーの太字の部分です。

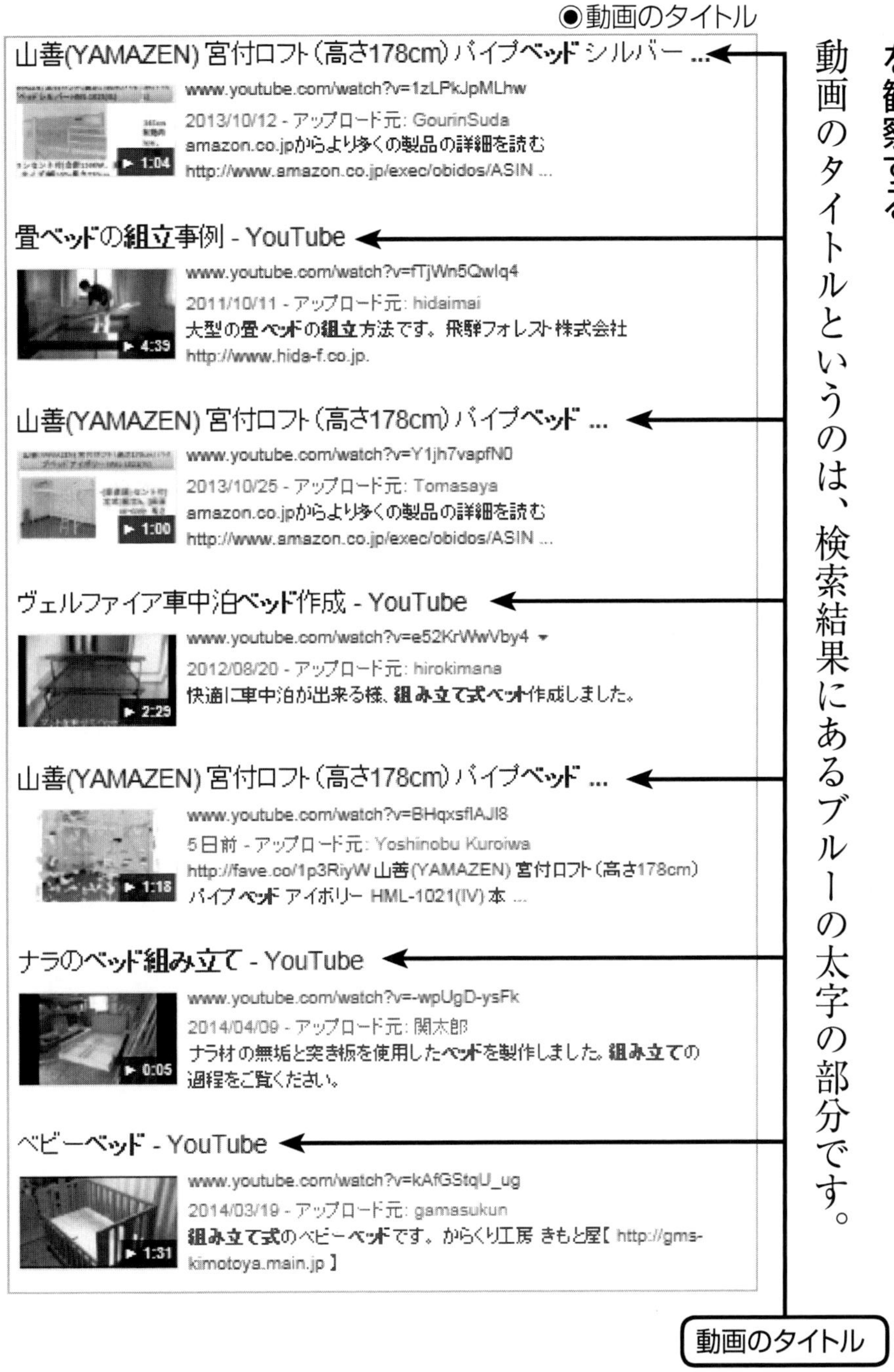

そこにどのようなサブキーワードが含まれているというと、

- 山善(YAMAZEN) 宮付ロフト(高さ１７８ｃｍ)パイプベッド シルバー…
- 畳ベッドの組立事例 - YouTube
- 山善(YAMAZEN) 宮付ロフト(高さ１７８ｃｍ)パイプベッド…
- ヴェルファイア車中泊ベッド作成 - YouTube
- 山善(YAMAZEN) 宮付ロフト(高さ１７８ｃｍ)パイプベッド…
- ナラのベッド組み立て - YouTube
- ベビーベッド - YouTube
- 狭い場所でも置けるベッド ATX-B400 8824 - YouTube
- 小島工芸 アンジュ2段ベッド 組立て方法 - YouTube
- ひのきスノコベッド.(床面からの高さ23・５ｃｍタイプ) - YouTube

ですので、これらからサブキーワードを抽出すると、

- 山善（YAMAZEN）　↓　ブランド名
- 畳　↓　素材、材料
- 組立事例　↓　組み立て方、事例
- 宮付ロフト　↓　種類
- パイプベッド　↓　種類
- ヴェルファイア車中泊　↓　用途
- 作成　↓　作り方
- ナラの　↓　素材名
- 組み立て　↓　組み立て方
- ベビー　↓　誰のためのものなのか？
- 狭い場所でも置ける　↓　特徴
- 小島工芸　↓　ブランド名
- アンジュ　↓　商品名

というものが浮かび上がってきます。

❹メインキーワードとサブキーワードの組み合わせのキーワードで、グーグルのウェブ検索で検索してみる

次のように抽出した各サブキーワードとメインキーワードの組み合わせのキーワードでグーグルのウェブ検索で検索してみます。

なお、ここではグーグルの動画検索では検索しないように注意してください。動画検索で検索すればユーチューブ動画やその他の動画しか出てこないので、ウェブ検索でどのようなユーチューブ動画が上位表示されるかはわからないからです。

- 組み立て式ベッド　山善
- 組み立て式ベッド　小島工芸
- 組み立て式ベッド　アンジュ
- 組み立て式ベッド　畳
- 組み立て式ベッド　組立事例
- 組み立て式ベッド　組み立て方
- 組み立て式ベッド　事例

- 組み立て式ベッド　宮付ロフト
- 組み立て式ベッド　ヴェルファイア車中泊
- 組み立て式ベッド　作成
- 組み立て式ベッド　ベビー
- 組み立て式ベッド　狭い場所でも置ける

❺検索結果の上位50位までを見てユーチューブ動画が何件表示されるかを観察する

それぞれのキーワードでウェブ検索の結果を観察します。

- 組み立て式ベッド　山善

ウェブ検索結果の上位50位までに3件も表示されていて、しかも3、4、5位というようにかなり上位表示されているので競合する動画が多数あります。上位表示は困難なことが予想されるので、このキーワードを目標にする動画を作るのは避けた方がよいです。

しかし、「組み立て式ベッド+他のブランド名」なら上位表示の可能性があります。

◉「組み立て式ベッド　山善」の検索結果

山善(**YAMAZEN**) ベーシックパイプ**ベット** NSK-2210B(SG)

www.amazon.co.jp › ホーム&キッチン › 家具 › ベッド › 折りたたみベッド ▾

オンライン通販のAmazon公式サイトなら、**山善**(**YAMAZEN**) ベーシックパイプ**ベット** NSK-2210B(SG)を ホーム&キッチンストアで、いつでもお安く。当日お急ぎ便対象商品は、当日お届け可能です。アマゾン配送商品は、通常送料無料。

送料無料 山善(**YAMAZEN**) 極太シンプル パイプ**ベッド**(シングル **...**

item.rakuten.co.jp/e-kurashi/465245/ ▾

エントリーでダイヤモンドP7倍/プラチナP4倍/ゴールドP2倍 床面ロング210cm！極太直径50mmパイプ**ベッド** シングル **ベッド** 送料無料 。【送料無料】 **山善**(**YAMAZEN**) 極太シンプル パイプ**ベッド**(シングル) NSK-2210B(SG) シルバー シングル**ベッド** ローベッド ...

山善(**YAMAZEN**) 宮付ロフト(高さ178cm)パイプ**ベッド** シルバー **...**

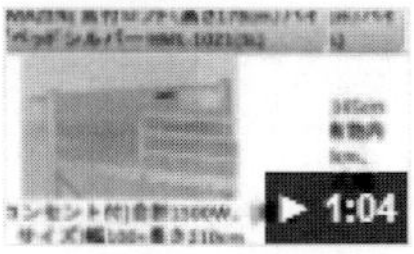

www.youtube.com/watch?v=1zLPkJpMLhw

2013/10/12 - アップロード元: GourinSuda

amazon.co.jpからより多くの製品の詳細を読む

http://www.amazon.co.jp/exec/obidos/ASIN ...

山善(**YAMAZEN**) 宮付ロフト(高さ178cm)パイプ**ベッド** **...**

www.youtube.com/watch?v=Y1jh7vapfN0

2013/10/25 - アップロード元: Tomasaya

amazon.co.jpからより多くの製品の詳細を読む

http://www.amazon.co.jp/exec/obidos/ASIN ...

山善(**YAMAZEN**) 宮付ロフト(高さ178cm)パイプ**ベッド** **...**

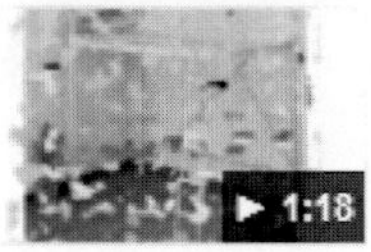

www.youtube.com/watch?v=BHqxsflAJl8

6 日前 - アップロード元: Yoshinobu Kuroiwa

http://fave.co/1p3RiyW **山善**(**YAMAZEN**) 宮付ロフト(高さ178cm)パイプ**ベッド** アイボリー HML ...

●組み立て式ベッド　小島工芸

ウェブ検索結果の上位50位までに2件も表示されていてしかも3、4位というようにかなり上位表示されているので競合する動画が多数あります。上位表示は困難なことが予想されるのでこのキーワードを目標にする動画を作るのは避けた方がよいです。

しかし、「組み立て式ベッド＋他のブランド

◉「組み立て式ベッド　小島工芸」の検索結果

小島のこだわり | 家具 | アウトレット | 机 | 本棚 | システムベッド ...
www.e-kojima.co.jp/kodawari/
小島工芸では、学習机、本棚、システムベッド、書斎机、PCデスクなどを製造しております。「もの造りへの ... 小島工芸の製品は30年以上も前から、塗料や組立用接着剤に一切ホルムアルデヒドを使用していません。.... 国産品以外の一部の製品は組立式です）...

小島工芸 書斎家具フェア | インテリアプラス
https://www.interior-plus.jp/events/kojima_kogei/
学習机やシステムベッド、書棚等に定評のある国産家具メーカーの小島工芸が自信を持っておすすめするラインナップを揃えており ... システムベッドをお探しなら、安心・安全の小島工芸を是非一度、ご覧下さいませ。... 国産品以外の一部の製品は組立式です）.

小島工芸 アンジュ2段ベッド 組立て方法 - YouTube
3:57
www.youtube.com/watch?v=Pau6d7HU6wo
2012/10/20 - アップロード元: 小島工芸
小島工芸㈱ アンジュ2段ベッド 組立て方法. 小島工芸 · 90 videos ...
組み立て式家具って大変！ニッセンのロッ ...

小島工芸 システムベッドスワン ベッド組み立て方 - YouTube
1:44
www.youtube.com/watch?v=Yn9jWvnw9uU
2012/09/17 - アップロード元: 小島工芸
小島工芸㈱ システムベッドスワン ベッド組み立て方. 小島工芸 · 90 videos ... 翔太と夕貴子の物語[結婚式 ...

名」なら上位表示の可能性があります。

●組み立て式ベッド　アンジュ

ウェブ検索結果の上位50位までに1件だけ表示されています。

1件だけ表示されているときは、チャンスです。

この場合は、「組み立て式ベッド　アンジュ」をテーマにした動画を作り動画のタイトルに「組み立て式ベッド　アンジュ」という組み合わせのキーワードを含めれば上位表示される可能性があるのでチャレンジすべきです。

そして、アンジェという商品名以外にも、そのメーカーの他の商品名との組み合わせのキーワードも上位表示される可能性があるので、調べてみてウェブ検索結果に1件しか出てこない、または1件も出てこなければチャンスです。

◉「組み立て式ベッド　アンジュ」の検索結果

小島工芸 **アンジュ2段ベッド 組立て**方法 - YouTube

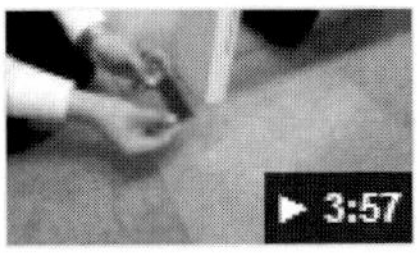

www.youtube.com/watch?v=Pau6d7HU6wo
2012/10/20 - アップロード元: 小島工芸
小島工芸㈱ **アンジュ2段ベッド** 組立て方法. 小島工芸·90 videos ...
組み立て式家具って大変！ニッセンのロッカー ...

【楽天市場】木製シングル**ベッド** の検索結果 - (43,500円～ 標準 ...
search.rakuten.co.jp/.../木製シングル**ベッド**/-/min.43500-p.1-s.1-sf.0-st.A... ▾
15種類から選べるマットレス付き 木製シングルベッド ベッド下収納付き木製ベッド 引き出し付き **組み立て式ベッド** 姫系 お姫様ベッド お姫様 かわいい 女性向け ... ロフトベッド 小島工芸 ニュー**アンジュ**【1都3県限定 開梱設置サービス付】システムベッド 子供 ...

【楽天市場】パイプ**ベッド** | デイリー売れ筋人気ランキング(1位 ...
ranking.rakuten.co.jp/daily/505126/ ▾
インテリア・寝具・収納 ＞ **ベッド** ＞ パイプ**ベッド**」ジャンルのデイリー売れ筋商品の 1位 ～ 20位をご紹介しています！楽天市場でヒットしている話題の商品や人気商品などをご購入いただけます。楽天市場は、セール商品や送料無料商品など取扱商品数が日本 ...

パイプ**ベッド** 通販【ニッセン】**ベッド**・寝具 - **ベッド**・**ベッド**フレーム
www.nissen.co.jp › ベッド・寝具 › ベッド・ベッドフレーム ▾
パイプ**ベッド** の商品一覧です。**ベッド**・寝具ならニッセン(Nissen)のオンラインショップ。インターネット限定・お買得バーゲン商品も豊富に取り揃えています。24時間対応でサポートも充実。

●組み立て式ベッド　畳

ウェブ検索結果の上位50位までに1件しか出てこないのでこれもチャンスです。「組み立て式ベッド　畳」だけでなく、畳というのは材質名なので他の材質名との組み合わせのキーワードでも上位表示される可能性があるので調べて、1件か、0件ならチャレンジすべきです。

●組み立て式ベッド　組立事例

ウェブ検索結果の上位50位までに1件だけしか出ていないのでチャンスです。しかも、先程の「組み立て式ベッド　畳」で検索したときに表示されたユーチューブ動画が表示されています。

このユーチューブ動画が「組み立て式ベッド　畳」でも、「組み立て式ベッド　組立事例」でも上表示されている理由は、動画のタイトルが「畳ベッドの組立事例」となっており、そこには「畳」も含まれているし、「組立事例」も含まれているからだと思われます。

◉「組み立て式ベッド　畳」の検索結果

跳ね上げ式**畳ベッド** - ショップ一覧 - 楽天市場
item.rakuten.co.jp › カテゴリトップ › ベッドフレーム各種 ▾
【関東地区は**組立**設置込み】**畳ベッド** 跳ね 上げ 収納付き【ポイント2倍】【送料無料】凄い大量収納跳ね上げ式**畳ベッド** ヘッドレスタイプ シングル 収納付き **たたみベッド** タタミ**ベッド**関東地区は開梱設置**組立**サービス込み【楽ギフ_のし】【RCP】61,509円 税込、...

畳ベッドの**組立**事例 - YouTube

www.youtube.com/watch?v=fTjWn5QwIq4
2011/10/11 - アップロード元: hidaimai
大型の**畳ベッド**の**組立**方法です。飛騨フォレスト株式会社
http://www.hida-f.co.jp.

畳ベッド 通販【ニッセン】ベッド・寝具 - ベッド・ベッドフレーム
www.nissen.co.jp › ベッド・寝具 › ベッド・ベッドフレーム ▾
畳ベッドの商品一覧です。**ベッド**・寝具なら ... ご利用ガイド; お問合せ. カタログ通販 ニッセン TOP >**ベッド**・寝具 >**ベッド**・**ベッド**フレーム >**畳ベッド** .... 商品お届け後14日以内の返品・交換商品は無料でお · 有料**組立**・設置サービス · 大型家具商品 まとめてお届け.

畳ベッド 無垢ひのきすのこ**畳ベッド** **畳**が選べます。
www.hinoki-furniture.com › ひのきスノコベッド一覧 › 畳ベッド ▾
お布団なしでもゴロンと寝やすい**畳ベッド**をオーダーにて手作りいたします。... スノコ**ベッド**では硬すぎると言われる方、現状**畳**で寝られていて**畳**を好むかたにお勧めする**畳ベッド**です。... **ベッド**は**組み立て式**です、プラスドライバーで容易に組み立てできます。

「加賀小松畳表」**畳**寝床(**たたみベッド**) | 家具工房&ギャラリー ...
www.s-art.co.jp/product/tatamibed/tatamibed.html ▾
地元愛にも育まれた、**畳**寝床(タタミ**ベッド**)が日本人の心に響く商品として永く愛されていくことを期待しています。... **ベッド**としてだけでなく、**畳**敷きの小上がりとしてもお使いいただけます。カンタン**組立式**. 六角レンチで、数本のボルトを締めるだけで簡単に ...

◉「組み立て式ベッド　組立事例」の検索結果

跳ね上げ式畳ベッド - ショップ一覧 - 楽天市場
item.rakuten.co.jp › カテゴリトップ › ベッドフレーム各種 ▾
【関東地区は組立設置込み】畳ベッド 跳ね 上げ 収納付き【ポイント2倍】【送料無料】凄い大量収納跳ね 上げ式畳ベッド ヘッドレスタイプ シングル 収納付き たたみベッド タタミベッド関東地区は開梱設置組立サービス込み【楽ギフ_のし】【RCP】61,509円 税込、...

畳ベッドの組立事例 - YouTube

www.youtube.com/watch?v=fTjWn5QwIq4
2011/10/11 - アップロード元: hidaimai
大型の畳ベッドの組立方法です。飛騨フォレスト株式会社
http://www.hida-f.co.jp.

畳ベッド 通販【ニッセン】ベッド・寝具 - ベッド・ベッドフレーム
www.nissen.co.jp › ベッド・寝具 › ベッド・ベッドフレーム ▾
畳ベッド の商品一覧です。ベッド・寝具なら ... ご利用ガイド; お問合せ. カタログ通販 ニッセン TOP >ベッド・寝具 >ベッド・ベッドフレーム >畳ベッド .... 商品お届け後14日以内の返品・交換商品は 無料でお · 有料組立・設置サービス · 大型家具商品 まとめてお届け.

畳ベッド 無垢ひのきすのこ畳ベッド 畳が選べます。
www.hinoki-furniture.com › ひのきスノコベッド一覧 › 畳ベッド ▾
お布団なしでもゴロンと寝やすい畳ベッドをオーダーにて手作りいたします。... スノコベッドでは硬すぎると言われる方、現状畳で寝られていて畳を好むかたにお勧めする畳ベッドです。... ベッドは組み立て式です、プラスドライバーで容易に組み立てできます。

「加賀小松畳表」畳寝床(たたみベッド) | 家具工房&ギャラリー ...
www.s-art.co.jp/product/tatamibed/tatamibed.html ▾
地元愛にも育まれた、畳寝床(タタミベッド)が日本人の心に響く商品として永く愛されていくことを期待しています。... ベッドとしてだけでなく、畳敷きの小上がりとしてもお使いいただけます。カンタン組立式. 六角レンチで、数本のボルトを締めるだけで簡単に ...

●組み立て式ベッド　組み立て方

ウェブ検索結果の上位50位までに1件出てきました。しかもまたしても先程と同じ動画です。1件しか表示されていないのでこれもチャンスです。

●組み立て式ベッド　事例

また同じ動画が出てきました。1件しか表示されていないのでこれもチャンスです。

◉「組み立て式ベッド　組み立て方」の検索結果

ウェブ　画像　ショッピング　動画　ニュース　もっと見る▾　検索ツール

約 694,000 件中 2 ページ目（0.14 秒）

畳ベッドの組立事例 - YouTube

www.youtube.com/watch?v=fTjWn5QwIq4

2011/10/11 - アップロード元: hidaimai

大型の畳ベッドの組立方法です。飛騨フォレスト株式会社

http://www.hida-f.co.jp. ... キシル 高さが選べるヒノキ ...

▶ 4:39

動画（【ビデオ】ラエストの組み立て方(03:07)）| ベッド設置式 ...

www.paramount.co.jp › ... › ベッド設置式電動介護リフト・ラエスト ▾

ベッド設置式電動介護リフト・ラエスト KQ-786 楽匠Sシリーズ専用のベッド設置式リフト。ベッドの頭側・足側、右側・左側いずれにも設置できます。...【ビデオ】ラエストを使用した車椅子へのリフト移乗例(05:51).【ビデオ】ラエストの組み立て方(03:07) ...

通販で買った組み立て式のロフトパイプベッドの処分を考えてい ...

lineq.line.me/q/2152929 ▾

通販で買った組み立て式のロフトパイプベッドの処分を考えていますが、どういった処分方法がありますか？ 解体しても粗大ごみみたいにお金取られますよね？

◉「組み立て式ベッド　事例」の検索結果

ウェブ　ショッピング　画像　動画　ニュース　もっと見る▾　検索ツール

約 34,600 件（0.23 秒）

厚生労働省：**組み立て式ベッド**の使用に伴う重大製品事故について
www.mhlw.go.jp/topics/2008/01/tp0111-2.html ▾
2008/01/11 - 今般、別紙のとおり、消費生活用製品安全法第35条第3項の規定※に基づき**組み立て式ベッド**の使用に伴う重大製品事故の発生**事例**について、経済産業省から通知がありました。現在、事業者においては、今般の事故の原因に係る調査等 ...

別紙 事故内容等 製品名：**組み立て式ベッド** 報告**事例**の ... - NI...
www.nihs.go.jp/mhlw/chemical/katei/topics/080111-2.pdf
2008/01/11 - 別紙 事故内容等. 製品名：**組み立て式ベッド**※. 報告**事例**の概要. 経済産業省から情報を入. 手した日.（括弧内は報告**事例**を企. 業が認識した日）. 事故発生日. 事故発生場所. 被害分類. 事故概要. 1. 平成 20 年 1 月 4 日.（平成 19 年 6 月 ...

[PDF] **組み立て式ベッド**の使用に伴う重大製品事故について - NIHS
www.nihs.go.jp/mhlw/chemical/katei/topics/080111-1.pdf ▾
2008/01/11 - 電話代表 03-5253-1111. **組み立て式ベッド**の使用に伴う重大製品事故について. 今般、別紙のとおり、消費生活用製品安全法第35条第3項の規定※に基づき. **組み立て式ベッド**の使用に伴う重大製品事故の発生**事例**について、経済産業省.

畳ベッドの**組立事例** - YouTube

www.youtube.com/watch?v=fTjWn5QwIq4
2011/10/11 - アップロード元: hidaimai
大型の畳**ベッド**の**組立**方法です。飛騨フォレスト株式会社 http://www.hida-f.co.jp.

この動画が複数のパターンのキーワードで上位表示されていますが、統計情報を見ると再生回数のグラフの伸びが跳ね上がっています。普通、グラフは直線上に近い形で徐々に伸びていくものですが、ウェブ検索で上位表示するとこのように通常よりも再生回数が増加することがあり、これこそユーチューブ動画SEOの効果です。

◉「組み立て式ベッド　事例」などの検索結果が出てくる動画の統計情報

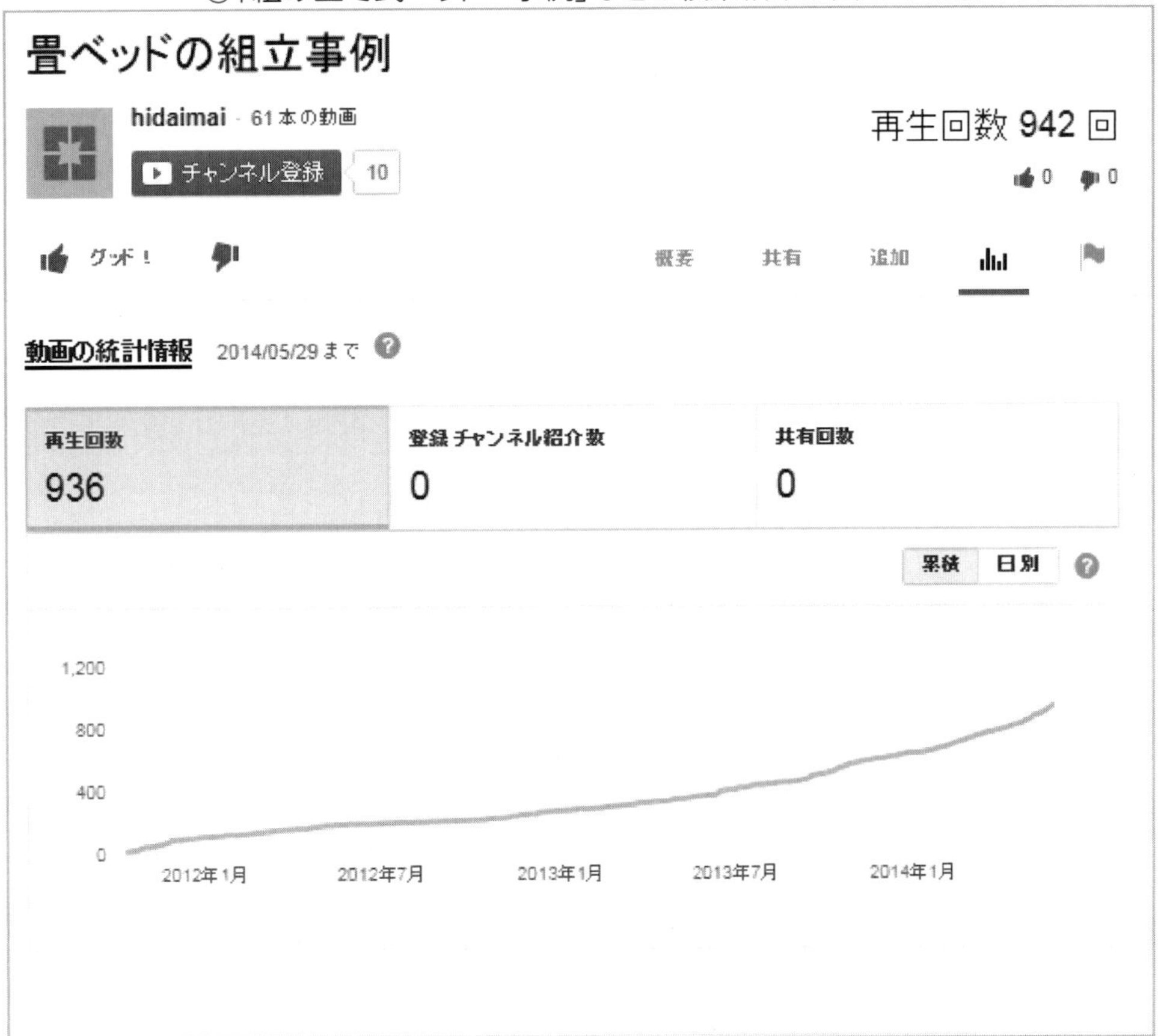

●組み立て式ベッド　宮付ロフト

ウェブ検索結果の上位50位までに1件だけ表示されているのでチャンスです。

「組み立て式ベッド　宮付ロフト」が上位表示されているということは「組み立て式ベッド＋種類名」でも上位表示する可能性があるので調査すべきです。

◉「組み立て式ベッド　宮付ロフト」での検索結果

山善(YAMAZEN) ロフトベッド 宮付き/ベッド下140cm/コンセント ...
item.rakuten.co.jp/e-kurashi/1328686/ ▾
エントリーでダイヤモンドP7倍/プラチナP4倍/ゴールドP2倍 **ロフトベッド 宮付き** パイプ パイプ**ベッド** シングル コンセント付き 送料無料 。【送料無料】山善(YAMAZEN) **ロフトベッド 宮付き/ベッド**下 140cm/コンセント付き HML-1021(IV)アイボリー **ロフトベッド** ...

山善(YAMAZEN) ロフトベッド 宮付き/ベッド下140cm/コンセント ...
item.rakuten.co.jp/e-kurashi/1367463/ ▾
エントリーでダイヤモンドP7倍/プラチナP4倍/ゴールドP2倍 **ロフトベッド 宮付き** パイプ パイプ**ベッド** シングル コンセント付き 送料無料 。【送料無料】山善(YAMAZEN) **ロフトベッド 宮付き/ベッド**下 140cm/コンセント付き HML-1021(ASL) シルバー **ロフトベッド** ...

山善(YAMAZEN) 宮付ロフト(高さ178cm)パイプベッド シルバー ...

www.youtube.com/watch?v=1zLPkJpMLhw
2013/10/12 - アップロード元: GourinSuda
amazon.co.jpからより多くの製品の詳細を読む
http://www.amazon.co.jp/exec/obidos/ASIN ...

極太パイプで横揺れに強い。大人気の階段付きロフトベッド(宮 ...
www.lala-style.info › ベッド › ロフトベッド ▾
もっとお部屋を広々使える階段のある**ロフトベッド**生活。**ベッド**下はもちろん階段下まで収納

●組み立て式ベッド　ヴェルファイア車中泊

ウェブ検索結果の上位50位までに1件だけ表示されているのでチャンスです。

このキーワードで上位表示されているということは、ヴェルファイアというのはワゴン車のブランド名なので他のワゴン車のブランド名に置き換えても上位表示される可能性がありますし、車に取り付ける組み立て式ベッドということは、船に取り付ける組み立て式ベッドでも上位表示される可能性があります。

その他にはグーグルの検索結果ページの一番下には通常、関連するキーワードを最

◉「組み立て式ベッド　ヴェルファイア車中泊」での検索結果

ヴェルファイア車中泊ベッド作成 - YouTube

www.youtube.com/watch?v=e52KrWwVby4 ▾
2012/08/20 - アップロード元: hirokimana
快適に**車中泊**が出来る様、**組み立て式ベット**作成しました。

ヴェルファイア車中泊用ベッドを自作してみる - 二輪、カヤック ...
kikipapa88.blog.fc2.com/blog-entry-287.html ▾
2013/11/22 - クルマを**ヴェルファイア**に買い換えたので、**車中泊**用**ベッド**を自作してみました。これに関しては、多くの方々が ... では車内にて、骨組みを**組み立て**。... **ベッド**の状態で走行すると、減速・加速のたびにセカンドシートが前後に移動する。これは、...

ヴェルファイア車中泊ベッド作成 watch, ヴェルファイア車中泊 ...
www.canliizle.in/e52KrWwVby4_.html ▾
快適に車中泊が出来る様、**組み立て式ベット**作成しました。-**ヴェルファイア車中泊**ベッド作

大10個まで提案してくれます。
　そこには、

ヴェルファイア車中泊ベッド
ヴェルファイア車中泊マット
ヴェルファイア車中泊グッズ
ヴェルファイア7人乗り車中泊
ヴェルファイア車中泊
ヴェルファイアベッドキット
ヴェルファイア自作ベッド
ヴェルファイアベッド
ヴェルファイア車
車中泊ベッドパイプ

なども提案されているので、そうし

◉「組み立て式ベッド　ヴェルファイア車中泊」に関連する検索キーワード

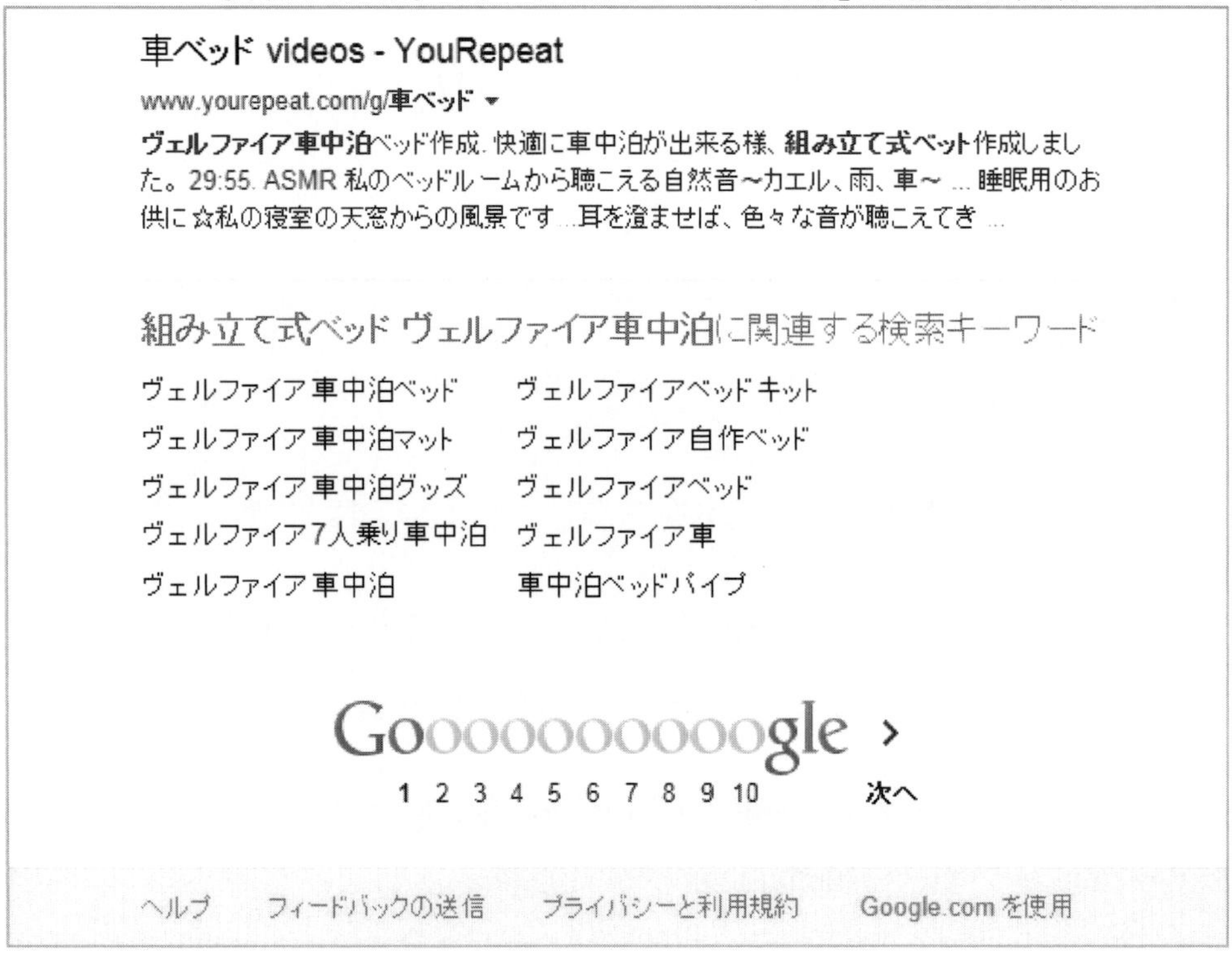
車ベッド videos - YouRepeat
www.yourepeat.com/g/**車ベッド** ▾
ヴェルファイア車中泊ベッド作成. 快適に車中泊が出来る様、**組み立て式ベット**作成しました。29:55. ASMR 私のベッドルームから聴こえる自然音~カエル、雨、車~ ... 睡眠用のお供に☆私の寝室の天窓からの風景です ...耳を澄ませば、色々な音が聴こえてき ...

組み立て式ベッド ヴェルファイア車中泊に関連する検索キーワード

ヴェルファイア車中泊ベッド	ヴェルファイアベッドキット
ヴェルファイア車中泊マット	ヴェルファイア自作ベッド
ヴェルファイア車中泊グッズ	ヴェルファイアベッド
ヴェルファイア7人乗り車中泊	ヴェルファイア車
ヴェルファイア車中泊	車中泊ベッドパイプ

Goooooooooogle ›
1 2 3 4 5 6 7 8 9 10　次へ

ヘルプ　フィードバックの送信　プライバシーと利用規約　Google.com を使用

たキーワードをタイトルに含めたユーチューブ動画を作れば、上位表示される可能性が高いでしょう。

●組み立て式ベッド　作成

ウェブ検索結果の上位50位までに1件だけ表示されているのでチャンスです。

●組み立て式ベッド　ベビー

ウェブ検索結果の上位50位までに1件だけ表示されているのでこれもチャンスです。

●組み立て式ベッド　狭い場所でも置ける

ウェブ検索結果の上位50位までに1件だけ表示されているのでチャンスです。

◉「組み立て式ベッド　作成」での検索結果

ウェブ　ショッピング　画像　動画　ニュース　もっと見る▾　検索ツール

約 181,000 件（0.31 秒）

ヴェルファイア車中泊**ベッド作成** - YouTube

www.youtube.com/watch?v=e52KrWwVby4 ▾

2012/08/20 - アップロード元: hirokimana

快適に車中泊が出来る様、**組み立て式ベット作成**しました。

【carview】自作 車中泊用**ベッド** - サーチ(車情報総合検索)

search.carview.co.jp/search.aspx?q=自作+車中泊用**ベッド** ▾

前車エスティマの車中泊用**ベッド**キットの部品（イレクターパイプ等）を流用して作りました。2列目を外して3列目を残しており、ラゲッジの容量は小さいのですが、こうして2階立てにすれば収納力も2倍！？w **組み立て式**なので、必要に応じて簡単に分解できます。

車中泊用フルフラッド**ベット**の製作: izuyanブログ

izuyan.asablo.jp/blog/2012/12/29/6673703 ▾

2013/01/05 - お正月休みを利用して車中泊用のフルフラッド**ベット**を製作することに. しました。... 車に**ベッド**を作るにはいろいろな方法はあるようですがここは 先人の知恵を. お借りし .... さてイレクターを水平な場所において最後の調整と**組立**です。先程作っ ...

Amazon.co.jp: **組み立て式**木製すのこ**ベッド** 匠 (シングル, 桐 ...

www.amazon.co.jp › ... › 家具 › ベッド › フレーム・マットレスセット ▾

オンライン通販のAmazon公式サイトなら、**組み立て式**木製すのこ**ベッド** 匠 (シングル, 桐)をホーム&キッチンストアで、いつでもお安く。当日お急ぎ便対象商品は、当日お届け可能です。アマゾン配送商品は、通常送料無料。

◉「組み立て式ベッド　ベビー」での検索結果

ベビーベッドの購入で迷ってます。通常の**組み立て式**のベッドを ...

detail.chiebukuro.yahoo.co.jp › ... › 子育て、出産 › 妊娠、出産 ▾

2010/06/21 - olangebasketさん. 支えは大丈夫でしょう。私が義姉から借りた**組み立て式**のもピンを4本だか差し込んで、その上に床板を置くだけでしたよ。でも、**ベビーベッド**は買ってまでは要らないかと・・・ 私はちょこっと借りましたが、息子は寝たの30分 ...

ベビーベッド**組立て**方法 | **ベビーベッド**レンタル / アイグラン

www.babybed-rental.jp/asse.html ▾

ベビーベッドを**組立**の際は、同封の**組立**説明書をよく読んでお気をつけて**組み立て**てください！ 誤った**組み立て**方（使い方）をして思わぬ事故を起こした例もありますので、正しい**組立て**方（使い方）に十分ご注意いただき、赤ちゃんの安全をお守りください。

CAUJAI【 はたらく働画 】**組立**手順 ベビーベット - YouTube

www.youtube.com/watch?v=h2vIFcgvo4I

2010/10/01 - アップロード元: EarthMachineDesign

ベビーベットの**組立て**や分解、正しくできますか?間違える ... お里帰り**ベッド**リトルエンジェル**ベッド**の**組立**方 by infobabyfriend 2 ...

ベビーベッドの**組み立て**方 0〜1歳までの子育て・育児

www.kosodate-manual.sakura.ne.jp/bebi-kumitate.html ▾

ベビーベッドの組み立て方. **ベビーベッド**は**組み立て式**が多いです。**ベビーベッド**の組み立ては非常に簡単なものが多いので、機械音痴の私でも簡単に組み立てることができました。こちらでは私が購入した**ベビーベッド**「Nurcy Babybed」の組み立て方をご紹介 ...

◉「組み立て式ベッド　狭い場所でも置ける」での検索結果

狭い場所でも置けるベッド ATX-B400 8824 - YouTube

www.youtube.com/watch?v=xM3cszsleh4
2013/10/12 - アップロード元: GourinSuda
... 製品の詳細を読む
http://www.amazon.co.jp/exec/obidos/ASIN/B000IAASCW ...

Amazon.co.jp: 狭い場所でも置けるベッド ATX-B400 8824 ...

www.amazon.co.jp › ホーム&キッチン › 家具 › ベッド › 折りたたみベッド ▾
オンライン通販のAmazon公式サイトなら、**狭い場所でも置けるベッド** ATX-B400 8824をホーム&キッチンストアで、いつでもお安く。... 体焼付塗装)、マット内部/スチールパイプ、スチールネット、ウレタンフォーム、PE、綿; 安全仕様荷重: 90kg以下; 仕様: **組立式** ...

Amazon.co.jp ベストセラー: 折りたたみ**ベッド** の中で最も人気の **...**

www.amazon.co.jp/gp/bestsellers/kitchen/392240011 ▾
Amazon.co.jp ベストセラー: 折りたたみ**ベッド** の中で最も人気のある商品です. ... **狭い場所でも置けるベッド** ATX-B400 8824. アテックス. 5つ星のうち 4.1 (16). 参考価格: ¥19,544 ... アイリスオーヤマ **組立**不要折たたみ**ベッド** OTB-KN. 16. アイリスオーヤマ ...

アマカナタ: 引っ越しの予定があるなら、シングル**ベッド ...**

www.amakanata.com/2014/05/blog-post_27.html ▾
5 日前 - **狭い場所でも置けるベッド** ATX-B400 8824. アテックス ... 重いマットレスを置くにあたって、折りたたみパイプ**ベッド**では不安があります。しっかりとした ... 届いたものを**組み立て**て(45分もあれば**組み立て**られます)、使用して数ヶ月。これはいい ...

以上が、あなたの業種、商材におけるウェブ検索結果で上位表示されやすい組み合わせのキーワードの見つけ方です。

まとめると、

グーグルの動画検索にメインキーワードを入れて上位表示されている動画トップ20位くらいに出てくる動画タイトルの中にどのようなサブキーワードが含まれているかを抜き出して、あなたが目指すことができる組み合わせのキーワードを考え、それをテーマにした動画を作成して、そのタイトルにそれらの組み合わせのキーワードを含める

ということです。

ユーチューブ動画SEOで成功するためには最初に上位表示可能な組み合わせのキーワードを見つけてそれをテーマにした動画を作り、そのタイトルに組み合わせのキーワードを含める

ということが最短距離なのです。

筆者のクライアント企業は自社のユーチューブ動画をこのやり方でかなりの確率でウェブ検索結果での上位表示を達成してきました。

あなたもぜひ試してください！

第3章

ユーチューブ動画SEO対策4つのステップ その2：〈企画〉

YouTube SEO

成功する動画を作るためのチェックリスト

需要調査を終えたら、次のステップは、あなたが作る動画のテーマ・中身を企画するというものです。

グーグルやヤフージャパンのウェブ検索結果で上位表示されやすいテーマはこれまで調査した結果、

● 動作を伴った説明の方がユーザーにとってよいとグーグルが判断したテーマ

例：調理方法、ソフトの使い方、機械の修理方法、スポーツの練習方法

● 音声が聞けた方がユーザーにとってよいとグーグルが判断したテーマ

例：音楽の練習方法、語学学習、自動車やバイクのエンジン音、機械の動作音

● ウェブページの数が少ないために競争率が激しくないテーマ

例:医療用ウィッグのアレンジ方法、特定の霊園の紹介

という3つのうちいずれか1つ、またはそれ以上を含むものだということがわかってきました。

あなたが動画を企画するときはこのことを念頭に入れて作らないと、せっかくユーチューブ動画を作ってもグーグルやヤフージャパンのウェブ検索で上位表示することがほとんどなくなってしまい、ユーチューブ動画を見てもらうためにネット広告を買うなどしないと見込み客に見てもらえないので、作っても意味がなくなってしまいます。

しかし、このことよりももっと重要なことがあります。それはいくらウェブ検索結果で上位表示しても、ネットユーザーが見たい動画ではない場合、あなたの動画は検索結果上でクリックされないので再生回数を稼ぐことはできなくなるというこ

とです。

このことは、ちょうどホームページの場合と似ています。いくらＳＥＯ対策をして自社サイトをグーグルやヤフージャパンの検索結果で上位表示しても、ウェブページのタイトルを見たときに興味をそそらなければ誰もクリックしてくれなく、自社サイトを見てもらうことはできません。

ではどうすれば見込み客に見てもらえるのでしょうか？

それは検索結果を見ている見込み客が動画に何を望んでいるかという根源的な動機です。

その動機は第1章で述べた、

● 悩みを解決したい
● 疑問を解消したい
● 商品・サービスが自分の問題を解決できるものかを知りたい

の3つです。

こうしたニーズを満たすためには、「成功する動画を作るための4つチェックリスト」を使ってチェックすることです。

▶成功する動画を作るための4つのチェックリスト

具体的なチェックリストは、次のようになります。

❶見込み客の悩みどころは？

悩みどころは何かをこれまでの仕事を振り返って考えてみます。

自分の悩みを解決するために時間を割いて動画を見ようとする人が、あなたの動画を見てくれる可能性があります。

❷見込み客が疑問に思うところは？

これまでお客様からいただいたご質問のメールの内容を読み返してみたり、電話での問い合わせ内容、実際に会ったときにどのようなご質問をいただいているかを思い出してみたりするとよいでしょう。

数分の動画を見るだけで自分の疑問が解決すると思ったときにあなたの動画を見てくれる可能性が生じます。

❸動きはあったほうがよいか？

ウェブページ上の文章による説明よりも動画という動きが伴うプレゼンテーションに適しているかを考えます。

むやみに動画を作っても、ウェブページを読むだけで充分な情報なら動画にする意味がないので、見込み客に見てもらえないという結果になります。

❹音声はあったほうがよいか？

あなたが提供しようとしている情報が音声を必要とするかを考えます。

音声があったほうがより情報を伝えやすく、インパクトがあって購買を促す場合があります。音楽産業の商品・サービスだけではなく、素材を加工している機械や工具の音、波の音や、動物の声、話し方に特徴のある人物などが出てくる動画には音声があったほうが効果的なプレゼンテーションになります。

これら4つは、すべてユーザー視点のチェックリストです。

ユーザーの目線に立って、あなたの動画のテーマを何にするか企画するようにしてください。

YouTube SEO

業種別の企画例

次は、業種別に、どのような動画の企画例があるのかを見てみましょう。

▶不動産業

近年、不動産業のウェブサイトのＳＥＯ対策は非常に厳しくなってきています。以前は誰でも自社のホームページを作り、取扱物件をできるだけたくさん載せていればそれなりにサイト経由で問い合わせを獲得することができていました。

しかし、大手企業が運営する巨大ポータルサイトには数えきれないほどの物件情報が載っており、圧倒的な利便性をユーザーに提供しています。

さらに大手不動産会社も全国の支店の情報ネットワークを活用して、いち早く物件情報を載せており、中小零細の不動産会社のホームページの検索順位は年々落ちる一方だという傾向が出てきました。

不動産業、特に賃貸物件のサイトというのは本質的な情報というのは物件のデータであり、データは巨大な企業の方がスピーディーに豊富な量を取り揃えることができるので、規模の大きいところが有利になる傾向があるのが理由です。

こうした厳しい競争環境の中、中小零細の不動産会社が取るべきネット集客戦略は、

大手企業が提供できない、あるいは提供しづらい情報を提供して差別化をする

ということです。

しかし、差別化といっても具体的に何をすればよいのでしょうか？

これまでは差別化のために、不動産会社のクライアント企業の方にはブログを書くことを勧めてきました。

自社のドメインネームの中に

http://www.jiishadomain.co.jp/blog/

というような形で日々の営業日記を営業マンの方が書いたり、ライブドアブログやアメブロなどの外部ドメインネームのブログを店長さんや社長さんが書くなど、ブログという独自コンテンツを手分けして書くことが差別化の定番になっていました。

こうしたことは大手のポータルサイトの社員さんたちは現場に出てお客さんを相手にしていないので書くことができませんし、大手不動産会社のサイトにもいち社員の人のブログというのはなかなか書いているところがないので有利になります。

しかし、このやり方の他にも近年、新しい差別化のためのコンテンツの手法が普及しつつあります。それが本書のテーマであるユーチューブ動画です。

不動産業界で主流の商材である賃貸物件の紹介、特に賃貸マンションの紹介をするための新規客獲得に効果のある動画のパターンは、「成功する動画を作るための4つのチェックリスト」を使うと、次のことがわかります。

【見込み客の悩みどころは?】

●入居したいが、初期費用をたくさん払うことができない

こうした悩みを持っている方に対してはグーグルのウェブ検索で「1LDK　仲介手数料無料　賃貸マンション　日本橋」で4位に表示されている動画のように仲介手数料が無料だということをわかりやすく画面や紹介ページに書いた動画を公開して訴求するとよいでしょう。

◉「1LDK　仲介手数料無料　賃貸マンション　日本橋」での検索結果

パークアクシス**日本橋**本町**1LDK**+WIC(Aタイプ)**仲介手数料無料**...

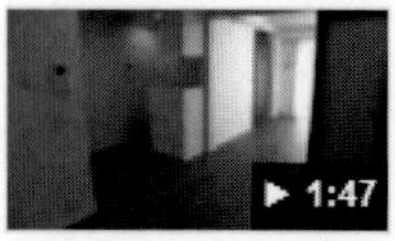

www.youtube.com/watch?v=pTEydz0IlBs
2013/04/03 - アップロード元: Chintai Lapis
【http://www.lapis.ne.jp/db/detail_01981/】ロパークアクシス**日本橋**本町【http://www.lapis.ne.jp ...

東日本橋・馬喰町・小伝馬町の**賃貸マンション**特集｜ワイズ ...
www.yzreal.co.jp/chintai/--[3].html ▾
レジディア**日本橋**馬喰町Ⅱ【RESIDIA**日本橋**馬喰町Ⅱ】☆新築☆ · レジディア**日本橋**馬喰町Ⅱ **仲介手数料無料** ... 賃料, 151,000円〜165,000円. 間取, **1LDK**. コメント, 日比谷線「小伝馬町」駅徒歩2分の築浅デザイナーズ**マンション**♪2007年グッドデザイン賞 ...

【コンフォリア**日本橋**】**1LDK**詳細ページ｜**仲介手数料無料**,礼金 ...
www.ningyocho.co.jp › ... › 小伝馬町駅 › コンフォリア日本橋 ▾
中央区**日本橋**馬喰町にあるコンフォリア**日本橋**8011LDK物件詳細ページです。小伝馬町駅周辺でアパート・高級タワー**マンションマンション**物件を探すなら人形町・浜町の**賃貸**物件に詳しい人形町不動産浜町店にお任せ！

東**日本橋 仲介手数料無料**の**賃貸マンション** - 賢い人の部屋 ...
heyazine.com › 東京の賃貸マンション › 中央区の賃貸 ▾
HEYAZINEでは、東**日本橋**の**仲介手数料無料**のある**賃貸マンション**を管理会社・元付会社が掲載した早くて正確な情報をもとに、最も ... 2004年築! オートロックで防犯も安心! 追い炊き機能付きバス!(2階**1LDK**). ARTERE東**日本橋**. **仲介手数料無料**; 礼金なし ...

●安い賃貸マンションだと仕様が古いのでバリアフリーの物件が見つからなくて困っている

こうした悩みを持っている方に対しては、安くてもバリアフリーの物件があるということを動画で紹介する意味はあるはずです。

実際にグーグルのウェブ検索で「バリアフリー　賃貸マンション　広島市佐伯区」というキーワードで検索すると４位に表示されているユーチューブ動画では、丁寧に部屋の中を紹介してどういう部分がバリアフリーになっていてどのような配慮がされているかを紹介している動画があります。

◉「バリアフリー　賃貸マンション　広島市佐伯区」で4位に表示される動画

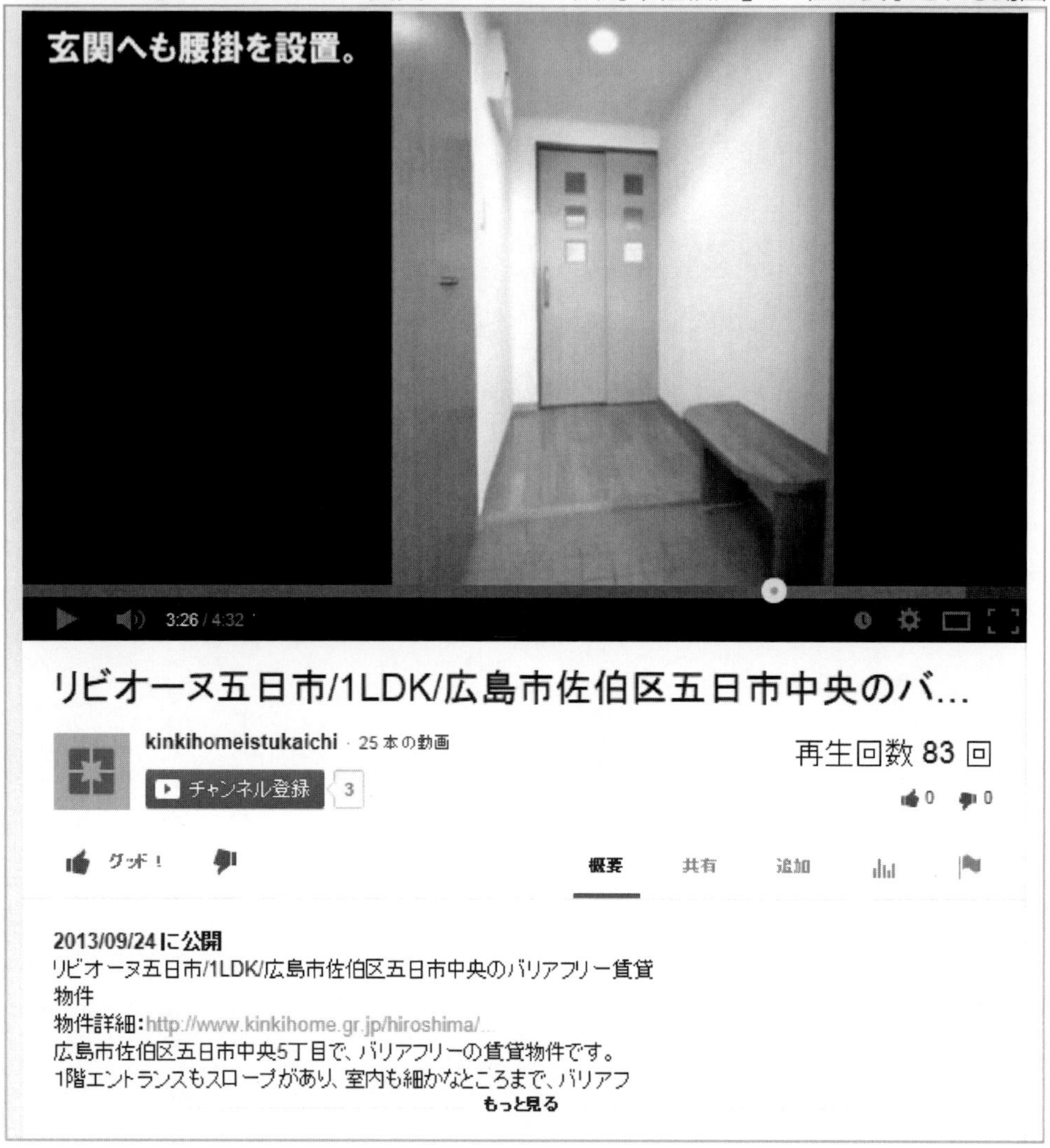

【見込み客が疑問に思うところは？】

- 子供がいる場合、公立学校の学区はどうなっているのか？　近くにある公立学校のレベルは？
- マンションのセキュリティは？
- 駐車場は？
- 駐輪場は？
- インターネット接続環境は？
- 収納スペースは充分にあるか？

こうした疑問をいただいている方に対しては、グーグルのウェブ検索で「西宮市大社町　中古マンション　売買」で1位に表示されている動画がこうした疑問点のほとんどに答える内容になっています。

◉「西宮市大社町　中古マンション　売買」での検索結果

メロディハイム苦楽園イーストヒルズ **西宮市大社町 中古 ...**

www.youtube.com/watch?v=r4ZI1k4YLkc
2013/09/16 - アップロード元: dfnetcojp
メロディハイム苦楽園イーストヒルズ **西宮市大社町 中古マンション 売買** No0931. dfnetcojp-630 ... 第一不動産 西宮店 ...

西宮市大社町の**中古マンション** 物件一覧【**HOME'S**】| 中古 **...**

www.homes.co.jp › ... › 中古マンション › 近畿 › 兵庫県 › 西宮市 › 大社町

兵庫県 **西宮市大社町**の **中古マンション**、物件一覧【HOME'S/ホームズ】豊富な大社町の**中古マンション**から、間取りや価格で絞り込み、簡単に比較・資料請求！**西宮市大社町**で**中古マンション**の購入・物件の検索をお考えなら、**中古マンション**情報が満載の ...

兵庫県 **西宮市 大社町**の新築一戸建て**・中古**一戸建てを探す

www.athome.co.jp › ... › 西宮市の物件一覧 ▾

兵庫県 **西宮市 大社町**の一戸建て・**中古**一戸建ての情報から希望に合った物件がきっと見つかる。賃貸・不動産・**マンション**のことならアットホーム！賃貸・購入物件の検索はもちろん、相場情報、不動産会社検索など賃貸・不動産情報が盛りだくさん。

【アットホーム】兵庫県 **西宮市 大社町**の**中古マンション**を探す **...**

www.athome.co.jp › ... › 兵庫県の中古マンション › 西宮市の物件一覧

兵庫県 **西宮市 大社町**の**中古マンション**の情報から希望に合った物件がきっと見つかる。賃貸・不動産・ ... 東急リバブル(株) 夙川センター（阪急電鉄神戸線/夙川 徒歩2分）; ◇不動産の購入と**売却**は東急リバブル 夙川センターへ！！◇. この物件の詳細を見る ...

◉「西宮市大社町　中古マンション　売買」で1位に表示される動画

こうしたマンションそのものを紹介する動画には、大きなメリットがあります。

それは個々の部屋を紹介した動画だとその部屋がすでに売れているだとか、借りられていたら住んでいる人のプライバシーを守るためにその部屋の動画はネットで公開するわけにはいきませんが、マンションそのものはいつまでもネットで公開しても問題はならいという点です。

特定の部屋をテーマにした動画の寿命は短いですが、それらの集合体であるマンション全体をテーマにした動画

◉マンション名と間取りでの検索結果の例

Google 東京ツインパークス 1LDK

ウェブ　画像　地図　ショッピング　ニュース　もっと見る▾　検索ツール

約 67,300 件（0.23 秒）

東京ツインパークス | 都心不動産 三井のリハウス
www.rehouse.co.jp/toshin/search/high-quality-mansion/ABM0000507/ ▾
港区の三井不動産(株) 他旧分譲マンション「**東京ツインパークス**」. 価格帯: 5480 万円 ～ 50000 万円 ... 所在地, 東京都港区東新橋1丁目 他, 竣工年月, 2002年9月 築 他 交通, 都営大江戸線「汐留」駅 ... **東京ツインパークス** レフトウイング **1LDK**, 65.59m2

東京ツインパークス ライトウイング | 三井のリハウスで中古 ...
www.rehouse.co.jp/mansion/bkdetail/FWRQ2A12/ ▾
東京ツインパークス ライトウイング（FWRQ2A12）(東京都港区東新橋1丁目)の中古マンション情報。売りたい方· ... 間取り, **1LDK**. 専有面積, 168.23m²(約50.88坪). 築年月, 2002年9月 築(平成14年9月). 所在地, 東京都 港区 東新橋1丁目 (周辺地図). 交通.

東京ツインパークスライトウイング **1LDK** 53.70 - YouTube
▶ 2:21
www.youtube.com/watch?v=SpFZOclspHA
2009/08/20 - アップロード元: clementiahome
港区の賃貸マンション、お部屋探しはクレメンティアホームです。 http://www.clementia.co.jp/ 物件名: **東京ツインパークス**ライトウイン ...

の寿命は長いので、長期にわたって再生回数を稼ぐことが可能です。

また、最近はマンション名だけで検索したり、マンション名と希望の間取りを入力して検索する指名検索が増えてきているので、ユーチューブ動画を作ればそれだけ見込み客の集客に貢献するでしょう。

【動きがあったほうがよいか?】

忙しくて部屋を見に行くことがなかなかできないが、実際に部屋の中に入ったかのように玄関から入って、各部屋の様子を見学しているかのような疑似体験をしたいという方のために、すでに多くの不動産会社さんが物件の内部を紹介する動画をアップしています。

その際に気を付けるべき点があります。

それは、

● 手振れのある動画だと見ている方が酔ってしまうので、手振れを避けるように慎重にゆっくりと慎重に撮影するか、手振れ補正のあるホームビデオカメラで撮影すること
● 水回りや比較的汚い箇所ばかりを撮影すると現実的すぎて夢が壊れてしまう
● 日当たりのよくない部屋を照明なしで撮影すると薄暗くなり陰鬱な雰囲気の物件だというマイナスイメージを与えてしまう

という3点です。

住宅は建築業もそうですが、人に未来の明るい生活という夢を与えるものでもあるので気を付けてください。おいしい食事を探している人に不味そうな食べ物を動画で見せても新規客の獲得には貢献しないのと同じことです。

【音声があったほうがよいか？】

建物や土地は特に音が鳴るものではないので音声は特に必要ありません。

動画の音声はさわやかなＢＧＭを使って、現場での音は特に録音する必要はありません。

逆に、音声に関しては気を付けなければならないことがあります。

それは物件の周辺の騒音がうるさいような印象を与えることがあるということです。

部屋の撮影中にたまたまバイクが大きなエンジン音で通りすぎることもありますし、近くで工事をやっていてその音がとてもうるさいという想定外のことが起きることがあります。

実際は比較静かな環境でも運悪くそうしたタイミングで撮影して音声も同時に録音すると、せっかくの動画が台なしになることがあります。そうしたことを防止するためにも音声はさわやかなＢＧＭを使った方がよいです。

▶建築業

建築業も、不動産業と同じように見込み客の明るい未来のビジョンを与えるために動画を使ったプレゼンテーションが説得力を持つことができる業界です。

「成功する動画を作るための４つのチェックリスト」を使うと、次のことがわかります。

【見込み客の悩みどころは？】

● とても古い家に住んでいるのでリフォームは難しいのではと思っている

こうした悩みを抱いている方のための動画が、グーグルのウェブ検索で「築50年リフォーム」という検索キーワードで5位に表示される株式会社エコリフォームさんが作った動画です。

◉「築50年リフォーム」での検索結果

築50年のリフォーム - YouTube

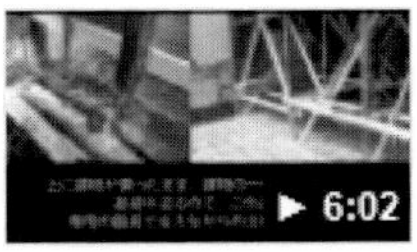

www.youtube.com/watch?v=ZQRLPxEHEbc ▾

2012/10/25 - アップロード元: ecoreformtokyo

築50年のお住まいの**リフォーム**！着工前~解体~工事~完成の様子をまとめたフォトムービーです。http ...

築50年の団地リノベブログ始めます！ | リノベりす

renoverisu.jp › ブログ › リノベファンブログ › 築50年の団地再生ライフ ▾

2014/03/13 - **築50年**の団地リノベブログ始めます！ ■ご挨拶. リノベりすをご覧の皆様、はじめまして！ この度、リノベりすの公式ブロガーをさせて頂くことになりました内藤と申します。僕は2013年4月に**築50年**ほどの団地に引越しをして、自分の部屋を ...

リフォーム事例トータル**リフォーム**(増改築)一覧:**リフォーム** ...

www.vivahome.co.jp › リフォーム & デザインセンター ▾

リフォーム事例、トータル**リフォーム**事例一覧. ... 築年数:**50年** 工事費用:231万円(材工込・消費税込)※**リフォーム**箇所すべての合計金額 施工期間:11日間 担当店舗:鈴鹿店. 玄関改装. サッシ取替え ... **築50年**の離れが・・・大変身！ 1:白を基調にし、天窓を ...

築50年の家を**リフォーム**/新旧が融合したレトロな中古住宅 ...

example.eco-inc.co.jp/2008/11/post_65.php ▾

築50年の中古住宅を**リフォーム**した事例です。新旧が融合した昭和レトロな空間へのプラン内容から完成の様子をご紹介しています。/お問い合わせはフリーダイヤル:0120-292-575へ、お気軽にどうぞ。

この動画の内容は、

❶リフォーム前の家の状態とリフォーム後の成果を対比したビフォーアフター
❷終わりのほうにお客様の感想を文章形式で掲載
❸最後に問い合わせを誘発するための会社名とＵＲＬを掲載

となっています。

この動画を見た見込み客に、自分の住んでいる古い家でもこんなにきれいにリフォームができるということをわかってもらう作りになっています。

再生回数の方もグーグルのウェブ検索で「築50年リフォーム」という検索キーワードで5位に表示されるようになってから、うなぎ上りになっています。

【見込み客が疑問に思うところは？】

●自宅の耐震補強をしたいが、どうやってやるのか？

エコリフォームさんは「耐震診断　チェックポイント」で検索すると3位に表示される動画を作りました。

動画の内容は社長がお客様の前で画面を使って耐震補強工事についてわかりやすい資料で説明する様子で音声も収録されています。

●マンションを大規模に改修するスケルトンリフォームの事例を見たい

「マンション　スケルトンリフォーム　事例　江東区」で検索すると、まだ作ったばかりの動画ですが、18位に表示される動画があります。この動画を見ると、古いマンションがまるで新築マンションのようにモダンによみがえった事例のビフォーアフターが見られるようになっています。

◉「耐震診断　チェックポイント」で1位に表示される動画

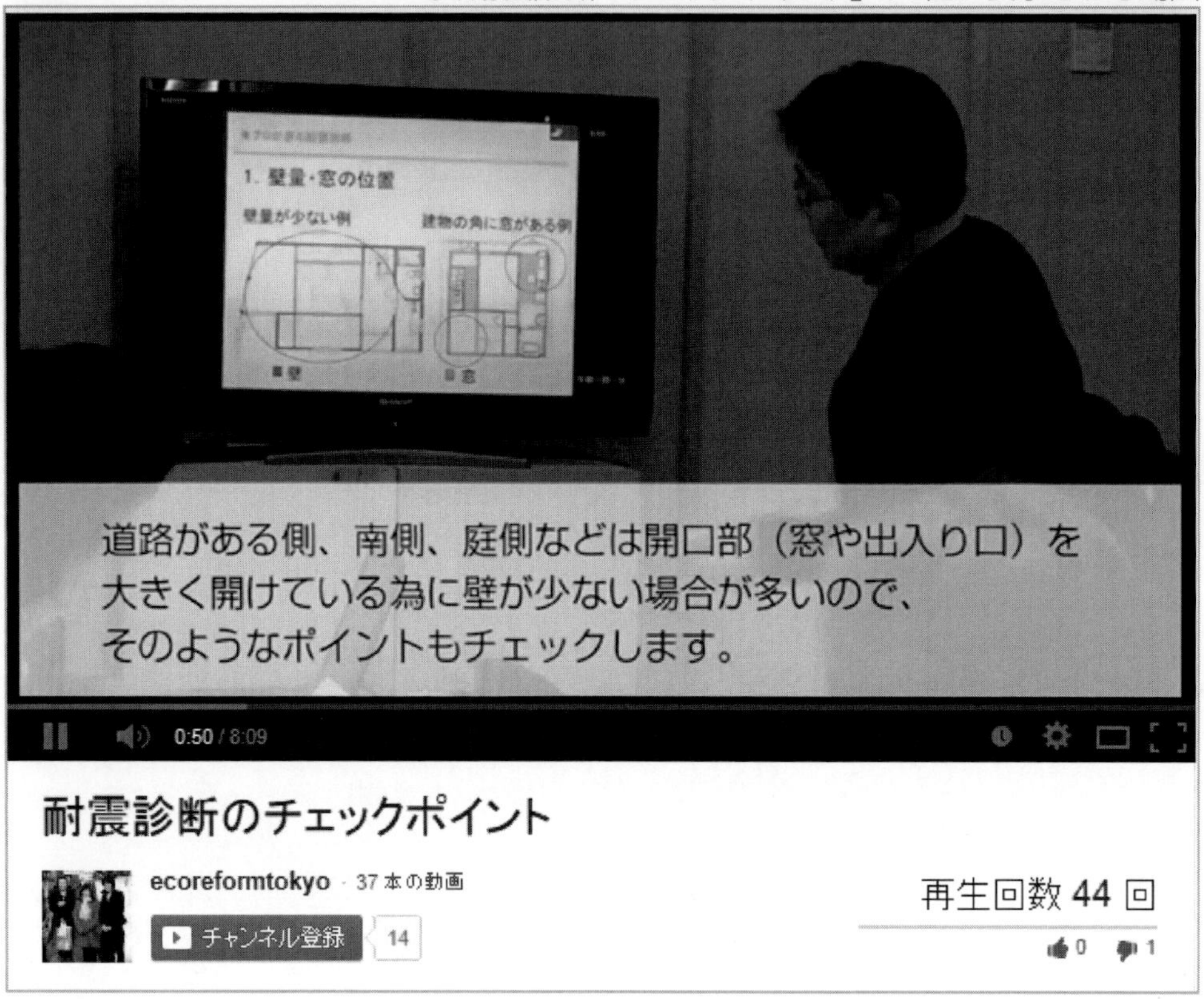

◉「マンション　スケルトンリフォーム　事例　江東区」での検索結果

江東区で施工したスケルトンリフォーム事例 - YouTube
www.youtube.com/watch?v=88T6Gyd0AWw
4 日前 - アップロード元: ecoreformtokyo
http://www.eco-inc.co.jp/ 江東区のエコリフォームです。家を構造から見直す事ができるスケルトンリフォーム、江東区 ...
1:56

有限会社ハーネスリフォーム-東京都江東区-HomeClip-ホーム ...
www.homeclip.co.jp/rifkaisya_pages/0009130_nolink.html
所在地／東京都江東区辰己3－17－5 ... 施工事例. <マンション全面改装>スケルトンリフォーム。白を基調とした明るい空間に、自然と家族が集まります。キラキラとした壁 ... <マンション全面改装>中古のマンションのお部屋を購入されてのスケルトンリフォーム。

一戸建てのスケルトンリフォームならお任せください！

【動きがあったほうがよいか？】

建築業の場合は、工事中の機械の動きや現場の大工さんの動きを特に撮影して見込み客に見せる必要はほとんどありません。

そのため、次章でもご説明しますが、複数の写真をフェードイン・フェードアウトする、いわゆる紙芝居形式のもので充分です。

ただし、施主さんのインタビュー動画は素晴らしいリフォームをしてもらって喜んでいる感動を表情という形で動画撮影したほうがより伝わりやすい面があるので、インタビュー風景は文字だけや画像よりも動画に適しているといえます。

【音声があったほうがよいか？】

施主さんが感動している様子が伝わる音声や、難しい専門用語を工務店の担当者がわかりやすくゆっくりと説明する音声などはあるよいでしょう。

先程の「耐震診断　チェックポイント」で社長さんがお客様の前でわかりやすく解説している動画は、素人には難しい建築の世界のことを丁寧に説明しているので音声が効果的な例です。

▶B2B物販

法人向けに商品を販売している企業が動画を作るときに「成功する動画を作るための4つのチェックリスト」を使うと、次のことがわかります。

【見込み客の悩みどころは?】

●手作業だと効率が悪いが、高価な機械を購入することはできずに困っている

「自動焼き鳥器」というキーワードでグーグルやヤフージャパンでウェブ検索すると動画が6件も表示され、そのうち4件はユーチューブ動画です。これは明らかにグーグルが自動焼き鳥器は文字や写真だけよりも、動画のほうがネットユーザーにとってプラスになると判断したからだと思われます。

◉「自動焼き鳥器」での検索結果

電気式・ガス式**自動**串焼機「**焼鳥**繁盛」シリーズ ｜ 株式会社 ...

softec.co.jp/product/42.html ▾

自動串焼機「焼鳥繁盛」SHシリーズは、1回転で焼き上がる**自動**の**焼鳥機**です。手間なく、おいしく、場所とらず。電気式、ガス式と、使用環境に合わせてお選びいただけます。また、電気式、ガス式ともサイズ及び加熱容量の違うタイプをご用意いたしております。

【Minecraft】全**自動焼き鳥**・鶏肉製造機【サイズ5×4 ... - YouTube

www.youtube.com/watch?v=rXEMsplvsUA ▾

2013/10/21 - アップロード元: 三田義男

既存の鶏肉製造機の小型化を図りました。今回は諸事情あって、検証が足りていません。大きな問題点を見逃している可能性が有り ...

[1.7.5]minecraft 全**自動焼き鳥**製造機 - YouTube

www.youtube.com/watch?v=dCbbl1E1tlY

2014/03/12 - アップロード元: nasty comp

タイトル通り、全**自動焼き鳥**製造機です。1.6.4/1.7.5確認済み。動画は1.6.4で撮影しています。(1.7.5) Minecraft ...

【Minecraft】6x3x5全**自動焼き鳥**生産機【ゆっくり解説】 - YouTube

www.youtube.com/watch?v=YKJNMvFliDU

2013/10/12 - アップロード元: Shuhei Zero

多分これが一番小さい全**自動焼き鳥**生産機だと思います。サイズは6x3x5です。親鳥に成長すると溶岩に頭が当たって焼け ...

全**自動焼き鳥器** - YouTube

www.youtube.com/watch?v=QD9W7V0vd7E

2009/10/02 - アップロード元: 5588xx

祭りで見つけた焼き鳥屋さんです^^ ... 全**自動焼き鳥器**. 5588xx·42 videos. SubscribeSubscribedUnsubscribe 40 ...

【見込み客が疑問に思うところは?】

●イベント用テントの組み立て方を知りたい

グーグルのウェブ検索で「イベント用テント　組み立て方」で検索すると6位に表示される動画は、初心者でもイベント用のテントを簡単に組み立てられるように組み立て風景を撮影しています。

●発電機の使い方を知りたい

「発電機の使い方」で検索すると1位に表示されるユーチューブ動画では、詳しく発電機の使い方を説明するシンプルな内容です。再生回数は2万8000回を超える人気動画です。

◉「イベント用テント　組み立て方」で6位に表示される動画

◉「発電機の使い方」での検索結果

【動きがあったほうがよいか?】

● 購入を検討している工具の実際の動作を見たい

「時計工具」という言葉でウェブ検索すると6位に表示されているのは、わかりやすく時計工具を説明した動画です。こうした動画を見ることによって、その商品を販売するメーカーや、販売店に問い合わせがくる確率が高まります。

【音声があったほうがよいか?】

● 効果音のサンプルが聞きたい

プロの映像スタジオやクリエーターのために効果音を素材ファイルとして販売している会社のユーチューブ動画が、「効果音　爆発音」というキーワードで7位に表示されています。動画紹介ページにはその効果音の詳細と販売ページへのリンクがされており、再生回数は3万3000回以上もある人気作品になっています。

◉「効果音　爆発音」で7位に表示される動画

法人向けの商品やサービスの販売をしている場合、心がけるべきことは、消費者向けに比べて額が大きいので、購入前に納得してもらえるように詳しく説明をすることです。

また、単に使い方を説明するだけではなく、その商品・サービスを使って売上アップ、効率アップできるかという成果をどのようにして得ることができるかを訴求するとよいでしょう。

▶B2C物販

法人向けだけでなく、消費者向けのB2Cにおいても動画による集客は効果が実証されてきています。「成功する動画を作るための4つのチェックリスト」を使うと、次のことがわかります。

【見込み客の悩みどころ?】

●医療用ウィッグの購入を考えているが、アレンジ方法がわからない

「医療用ウィッグ　アレンジ方法」で検索すると、「かつら専門店あっちパパ」というお店のユーチューブ動画が1位と2位に表示されます。実際に「動画を見た」というお客様が増えて、効果を実感できるようになったとのことです。

あなたの分野でも、見込み客が購入前によく問い合わせで質問してくれる疑問点を解消するためのユーチューブ動画を作れば、上位表示だけではなく、売上増が期待できます。購入を邪魔する障害物を取り除くための動画をたくさん撮ってユーチューブにアップしてください。

「動画を見た」と言われたときに、

◉「医療用ウィッグ　アレンジ方法」での検索結果

人毛ウィッグのヘアアレンジの仕方 - YouTube
www.youtube.com/watch?v=OIOlgpai9a0
2013/10/18 - アップロード元: CHIEKO TSUKAMOTO
医療用ウィッグ(人毛)を装着してでのヘアアレンジの仕方です！おしゃれで素敵な医療用ウィッグをおさがしなら【かつら専門あっちパ ...
▶ 3:51
人毛ウィッグ ハーフアップのアレンジ方法 - YouTube
www.youtube.com/watch?v=IfoxYKYGm8M
2013/10/18 - アップロード元: CHIEKO TSUKAMOTO
人毛ウィッグを装着してヘアアレンジが出来ます♪おしゃれで素敵な医療用ウィッグをおさがしなら【かつら専門あっちパパ】http ...
▶ 2:10
ヘアアレンジが楽しくなるオシャレなウィッグライフを応援する医…
ameblo.jp/chichinachi-so/
ヘアアレンジが楽しくなるオシャレなウィッグライフを応援する医療用ウィッグfascinoのブログ]ー[仙台市の医療用ウィッグfascinoファッシーノ]さんのブログです。こんにちは！ウィッグライフを ... メンテナンス後～ウィッグを綺麗に乾かす方法. 2014年05月26日(月) ...
仙台市の医療用ウィッグfascinoファッシーノ - Amebaプロフィール

それまでの苦労が報われ、非常にうれしくなります。

【見込み客が疑問に思うところは?】

●購入を検討している加湿器の使い方や動作を確認したい

「アロマ加湿器　shizuku」というキーワードでウェブ検索をすると、8位と9位にユーチューブ動画が表示されます。

8位のユーチューブ動画はとても面白い動画で、再生回数が3900回を超えている人気動画です。

この動画を見ると、お店の店長さんがその商品の使い方をユーモアや感情を込めて熱心に詳しく説明し、家電量販店に行ってもここまではしてくれないという徹底したサービスで商品を紹介しています。しかも高い撮影機材を使っているわけでもなく、パソコンに設置されたカメラに向かって店長さんが一人で説明しているという非常にシンプルな作りのものです。

◉「アロマ加湿器　shizuku」での検索結果

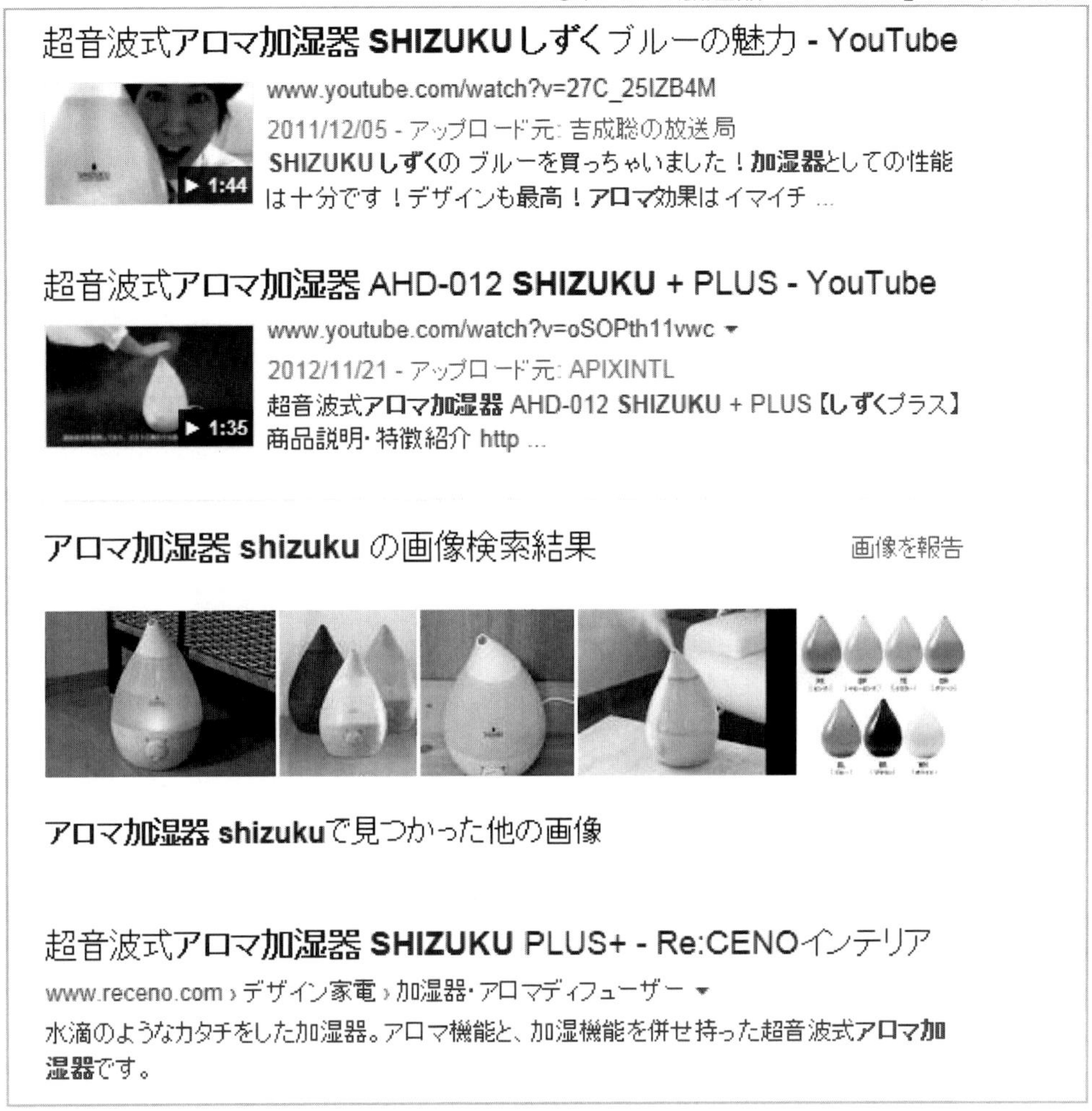

超音波式アロマ加湿器 SHIZUKU しずくブルーの魅力 - YouTube

▶ 1:44

www.youtube.com/watch?v=27C_25IZB4M

2011/12/05 - アップロード元: 吉成聡の放送局

SHIZUKU しずくの ブルーを買っちゃいました！加湿器としての性能は十分です！デザインも最高！アロマ効果はイマイチ ...

超音波式アロマ加湿器 AHD-012 SHIZUKU + PLUS - YouTube

▶ 1:35

www.youtube.com/watch?v=oSOPth11vwc ▾

2012/11/21 - アップロード元: APIXINTL

超音波式アロマ加湿器 AHD-012 SHIZUKU + PLUS【しずくプラス】商品説明・特徴紹介 http ...

アロマ加湿器 shizuku の画像検索結果　　画像を報告

アロマ加湿器 shizukuで見つかった他の画像

超音波式アロマ加湿器 SHIZUKU PLUS+ - Re:CENOインテリア

www.receno.com › デザイン家電 › 加湿器・アロマディフューザー ▾

水滴のようなカタチをした加湿器。アロマ機能と、加湿機能を併せ持った超音波式アロマ加湿器です。

◉「アロマ加湿器　shizuku」で8位に表示される動画

この方のやり方が実際にネットユーザーに支持されているかどうかは再生回数だけではなく、この店長さんのチャンネル登録者数が1万7152人もいるということと作った動画の数が1937本もあるということからもわかります。動画を作ればたくさんの人が見てくれるとなれば、やる気が出てくるので好循環が起きていることがわかります。

【動きがあったほうがよいか？】

●人体模型を買おうと思うがさまざまなアングルが見てみたい

「人体模型　臓器」というキーワードで検索すると5位に表示されるユーチューブ動画があります。

この動画は、株式会社MFCが運営する「大阪人体模型センター」が自社のネットショップに誘導するために作った動画です。

この動画では模型をさまざまなアングルで見られるので、実店舗に行かなくても納得して商品を購入できるように配慮されています。

◉「人体模型　臓器」での検索結果

人体模型で見る、体の不思議 **1・・・臓器**をバラバラに！ **- YouTube**

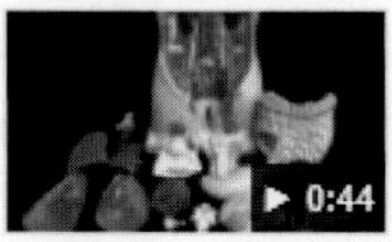

www.youtube.com/watch?v=FGGIkNxt_n8

2013/11/22 - アップロード元: 大阪人体模型センター

内臓の解剖についてさらに詳しく・・・ http://www.human-model.com/%E5%86%85%E8%87%93%E6%A8%A1%E5 ...

【送料無料】**人体模型** 全身内臓 **臓器**トルソー アルティメット**EX**

item.rakuten.co.jp/mfcshop/10000006/ ▾

【送料無料】**人体模型** 全身内臓 **臓器**トルソー アルティメットEX。【送料無料】**人体模型** 全身 ... **人体模型**. クレーンスケール . リフティングマグネット . 植物育成LED. スポーツ・健康・レジャー. 日用品・生活雑貨. **人体模型** 等身大全身内臓トルソー アルティメットEX ...

人体模型｜ヒューマンボディ

humanbody.jp/human/ ▾

ヒューマンボディでは人体の骨格、**臓器**などの模型は「**人体模型**」のカテゴリに分類されています。手技練習用の医療シミュレーターや看護実習に役立つ看護実習用人形、救助訓練に使用されるレスキューマネキンなどは「医療・看護シミュレーター」に分類され ...

あそんでまなべる **人体模型**パズル: 骨や**臓器**の正しい名前と **...**

www.appbank.net/2012/10/21/iphone-application/489722.php ▾

2012/10/21 - 昔、保健体育や理科でさらっと習いましたが、そんな程度であのややこしい名前を覚えられるはずもなく、大半の人が知らないのではないでしょうか。そんな骨や**臓器**の正しい名前と位置を楽しく覚えられるのが、このあそんでまなべる**人体模型** ...

【音声があったほうがよいか？】

●ミニ四駆のシャーシを買いたい

「ミニ四駆　シャーシ」というキーワードでウェブ検索すると9位に表示されるユーチューブ動画は、シャーシを取り付けた後にミニ四駆がとてもかっこよくレーストラックを駆け回るときのモーター音を録音してファン心をくすぐることに成功しています。

B2Cの消費者向け物販の動画活用のコツは、見込み客が実店舗にわざわざ出向かなくてもそれと同様、またはそれ以上に商品のことが動きや音声でわかるように丁寧に解説することです。

こうすることにより実店舗を持たないネット通販専業のお店でも見込み客に対する訴求力を向上させてハンディを克服できる可能性が生じるのです。

◉「ミニ四駆　シャーシ」で9位に表示される動画

▶教育業・コンサルティング

教育業やコンサルティングも動画と相性のよい業種です。情報をわかりやすく提供することがビジネスなので、動画で説明することにより、ウェブページ上の文章・図・写真だけよりも効果的なこと多いことがわかってきました。

「成功する動画を作るための4つのチェックリスト」を使うと、次のことがわかります。

【見込み客の悩みどころは？】

● **英語の発音が苦手で困っている**

「英会話　発音練習」で8位と9位にユーチューブ動画が表示されています。動画には音声を録音できるので実際の声が聞けますし、口の動きも見られるので最適なメディアです。

◉「英会話　発音練習」での検索結果

リスニング強化のための自然な英語の**発音練習 - YouTube**

www.youtube.com/watch?v=9oiGetFqb4l ▾

2010/07/08 - アップロード元: RealNaturalEnglish

http://realnaturalenglish.comにある"Pronunciation Keys"ビデオ(100分)より抜粋。このビ ...

英語 **英会話**上達**練習**法!! 正しい**発音**発声トレーニングですぐに **...**

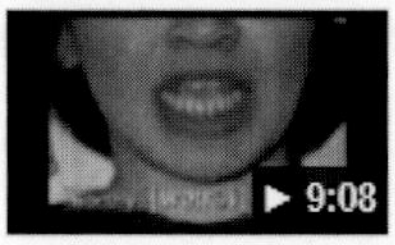

www.youtube.com/watch?v=7R5q-JfaPXw ▾

2013/06/07 - アップロード元: qdefri touriw

ネイティブと間違えられる腕前⇒http://kssisan.com/web/endoeigo/ 英語を話すのに重要な口の使い方。特典付 ...

英語の**発音練習**法 **- 英会話**初心者向け1日20分の独学勉強法

20english.undeinosa.com/speaking3.html ▾

個々の**発音練習**が何故大切かというと「もっと正確な物真似になる」からです。"Water, please." が「ワラプリ」に聞こえるのは、英語で「ワラプリ」と言っているからではありません。日本語慣れした耳では "ter" の音が「ター」よりも「ラ」に近く聞こえるからです。

英会話 発音練習に関連する検索キーワード

英語発音練習	英語 発音 練習 無料
英語 発音 練習 ソフト	英語 発音 練習 方法
英語 発音 練習 アプリ	英語 発音 練習 本
英語 発音 練習 サイト	英語 発音 練習 歌
英語 発音 練習 文	英語 発音 練習 例文

【見込み客が疑問に思うところは?】

●行政書士試験の合格にコツはないのか?

「行政書士試験　合格コツ」で検索するとウェブ検索の19位ですが、ユーチューブ動画が表示されます。

●SEO対策をする上で危険なリンクは何か?

「危険なリンク」というキーワードで検索すると、筆者のセミナー予告編のユーチューブ動画が10位に表示されます。

●歯科医院のホームページ改善を説明する講座はないのか?

「歯科医院　ホームページ講座」というキーワードで検索すると、筆者の動画講座の予告編動画が6位に表示されます。

◉「行政書士試験　合格コツ」での検索結果

行政書士試験を、1日2時間90日間で**合格**する方法！ - YouTube

www.youtube.com/watch?v=uDKiAUMyo8o ▾

2010/10/21 - アップロード元: kyouken4

http://www.tmaweb.biz/28808/ **行政書士試験** 行政書士会 求人 **合格** 年収 東京 独学 難易度 ...

ユーキャンの行政書士講座 | **行政書士試験**・資格ガイド

www.u-can.co.jp/**行政書士**/exam/ ▾

行政書士講座の受講生は85%が初心者で、70%が仕事と両立しながら続けています。ユーキャンで ... 司法**書士**、弁理士、税理士など、他の法律系の資格と比べると**合格**しやすい資格といえます。きちんと学習 ... **試験**範囲が広いので、**合格**の**コツ**は「絞る」こと ...

行政書士試験 合格コツに関連する検索キーワード

行政書士合格コツ	行政書士試験合格基準
行政書士試験合格率	行政書士試験合格後
行政書士試験合格発表	行政書士試験合格ライン
行政書士試験合格道場	行政書士試験合格者

◉「危険なリンク」での検索結果

【予告】ルールが変わった！ **危険なリンク**・安全なリンクセミナー ...

www.youtube.com/watch?v=BPZxwEP26Hw

2013/11/21 - アップロード元: 鈴木将司

危険なサイトから**リンク**を張られると検索順位が落とされるようになった！！ http://www.web-planners.net/video/**link**.html ...

危険 サイト

広告 www.ask.com/**危険**+サイト ▾

危険 サイトを検索 検索結果をすばやく、今すぐ調べる！

12,608 人が Google+ で Ask.com をフォローしています

危険なリンクに関連する検索キーワード

危ないリンク	2chリンク危険

◉「歯科医院　ホームページ講座」での検索結果

歯科医院ホームページ活用講座 - iTunes - Apple

https://itunes.apple.com/ch/podcast/chi-ke-yi...huo/id386529725?mt... ▾

Laden Sie ältere Folgen oder abonnieren Sie kostenlos noch nicht ausgestrahlte Folgen von „**歯科医院ホームページ活用講座**" von 歯科IT研究会 代表 鷲沢直也 im iTunes Store.

【予告】**歯科医院**のためのホームページ増患**講座** - YouTube

www.youtube.com/watch?v=RcawgoIMkDY

2014/03/12 - アップロード元: 鈴木将司

【予告】**歯科医院**のための**ホームページ**増患**講座** ...【予告】成功事例から学ぶ**ホームページ**集客率を上げる10の ...

歯科のインターネット集患に役立つレポートをプレゼント

dentrance.jp/free_report.html ▾

歯科医院のマーケティングとマネジメントを支援する株式会社デントランス ... **ホームページ**からガンガン新規の患者が来院する無料マニュアルの内容とは ... **ホームページ**集患メール**講座**, 無料, **ホームページ**ンで集患するための方法論やヒントをお伝えします.

山形県山形市 歯科 長岡**歯科医院**【**歯医者** 口腔外科 審美歯科 ...

nagaokashika.act01.com/ ▾

平成3年, 日本大学松戸歯学部卒業日本大学松戸歯学部 補綴学第Ｉ**講座** 入局. 平成8年, 上記**講座** 退局山形大学医学部付属病院**歯科**口腔外科学**講座** 入局. 平成10年, 上記**講座**助手となる. 平成11年, 上記**講座** 退局山形市立病院済生館 **歯科**口腔外科 ...

【動きがあったほうがよいか？】

文章を読むことで難しい事柄を勉強すると、どうしても集中力が続かなかったり、なかなか頭に入っていかないことがありますが、動画にして出演者が動いていると身振り手振りや表情などの情報も入ってくるので、退屈せずに理解度が深まることがあります。難しい事柄をたくさん説明しなくてはならないこの業界には、動画は効果的なツールです。

【音声があったほうがよいか？】

ウェブページ上の文章を読むのにはかなりのエネルギーを使いますが、疲れているときは特に音声で聞いたほうがわかりやすいということがあります。

特に難しい概念を文章で書くだけだと書き方が文語調になり、そうでなくても難しい事柄が余計、難しく感じることがあります。一方で、出演者が話すというスタイルだと言葉が口語調になり、より理解しやすくなることが多く、動画はこのジャンルには最適なツールです。

▶代行業

代行業というのは他人にお金を払ってその対価として自分の困っていること、面倒なことを代行してもらうビジネスです。申込みをする前にどのように代行してくれるのか、信頼できそうかということを文章や画像だけで調べるよりも、動画を見た方がより深く納得できることがあります。

「成功する動画を作るための4つのチェックリスト」を使うと、次のことがわかります。

【見込み客の悩みどころは？】

- **ネットショップを運営しているが、商品画像の切り抜きの時間がなくて困っている**

「ネットショップ　商品画像　切り抜き代行」というキーワードでウェブ検索すると2位に表示される制作会社さんのユーチューブ動画があります。切り抜き作業だけではなく、その他のネットショップ運営に必要な作業を代行するサービスの案内ページへのリンクが張られています。

◉「ネットショップ　商品画像　切り抜き代行」で2位に表示される動画

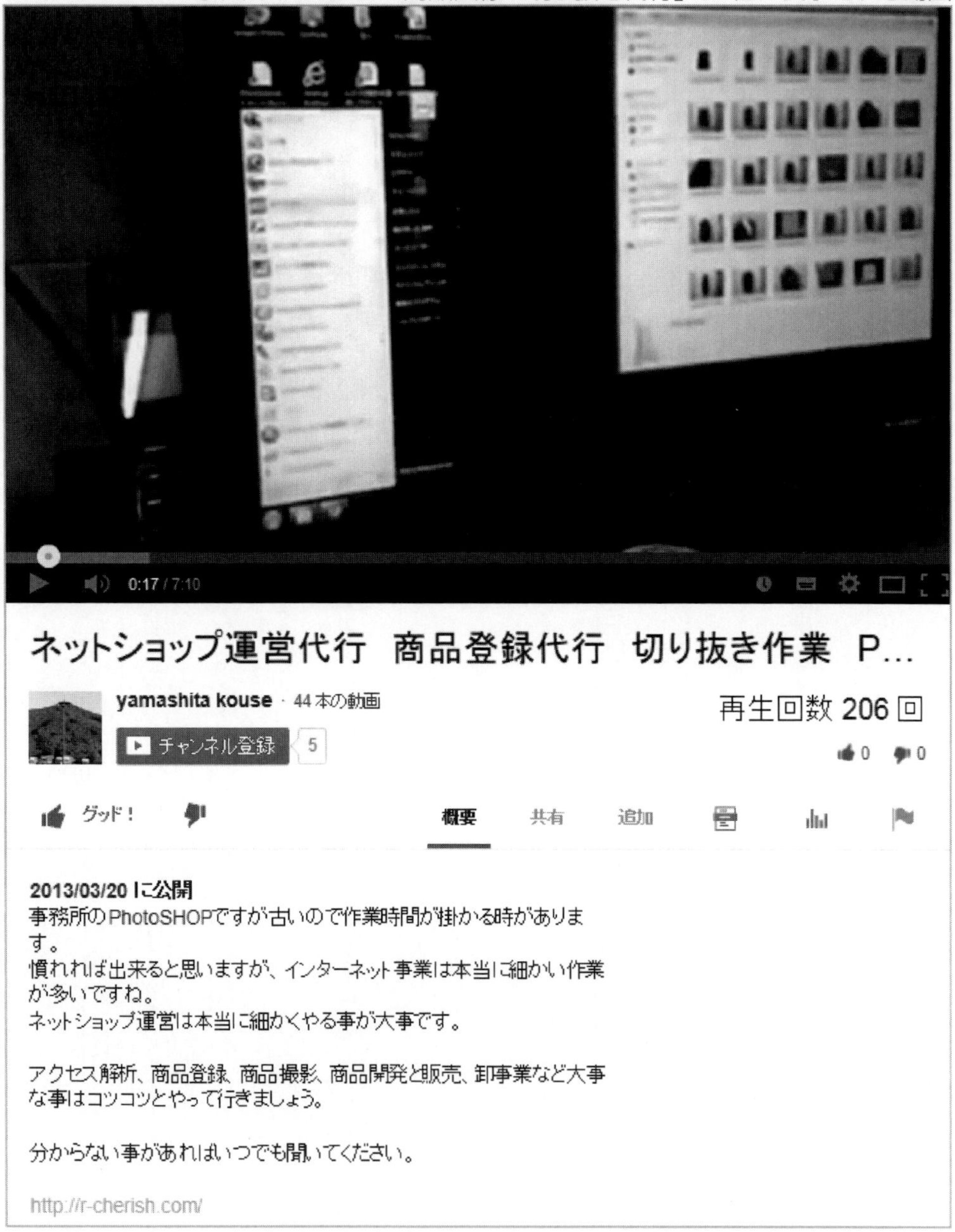
0:17 / 7:10
ネットショップ運営代行　商品登録代行　切り抜き作業　P...
yamashita kouse · 44 本の動画
チャンネル登録 5
再生回数 206 回
0 0
グッド！

概要 共有 追加
2013/03/20 に公開
事務所のPhotoSHOPですが古いので作業時間が掛かる時があります。

慣れれば出来ると思いますが、インターネット事業は本当に細かい作業が多いですね。

ネットショップ運営は本当に細かくやる事が大事です。

アクセス解析、商品登録、商品撮影、商品開発と販売、卸事業など大事な事はコツコツとやって行きましょう。

分からない事があればいつでも聞いてください。

http://r-cherish.com/

【見込み客が疑問に思うところは？】

●家事代行サービスを依頼したいと思っているが、どこまでやってくれるのか？

「家事代行　作業」で検索するとウェブ検索の1位に表示されているユーチューブ動画があります。

この動画のタイトルには「真心を込めた作業です」とも書いてあるので、信頼できそうな業者さんに依頼したいと思っている見込み客のクリックを誘発する工夫があります。

【動きがあったほうがよいか？】

家事代行の作業風景の動画を見ると実際に作業担当者が丁寧にお風呂場を清掃している様子がうかがえるので、実際の作業風景は写真よりも動きのあるプレゼンテーションに向いているといえます。

【音声があったほうがよいか？】

作業風景は動きだけではなく、音が聞こえた方が臨場感がありますし、言葉では伝えにくい情報を視聴者に伝えることが可能です。

▶法律業

法律業も教育、コンサルティング業のように難しい概念を説明する必要があるビジネスなので、動きや音声がある動画のほうがメッセージは伝わりやすいことが多いです。

「成功する動画を作るための4つのチェックリスト」を使うと、次のことがわかります。

【見込み客の悩みどころは?】

- 交通事故の慰謝料が安すぎるのではないかと疑問を持っているが誰に相談したらよいかわからない

「交通事故　示談慰謝料相場　千葉」で検索するとウェブ検索で1位、2位に弁護士事務所のユーチューブ動画が表示されていて詳しく解説しています。

【見込み客が疑問に思うところは？】

●相続税申告書の書き方が知りたい

「相続税申告書の書き方」でウェブ検索をすると5位、6位にユーチューブ動画が表示されます。

【動きがあったほうがよいか？】

専門家がまるで目の前にいるかのようにこちらに向かってわかりやすく説明してくれたほうが、ウェブページにある文章をただ読むよりも人柄もわかりやすく相談してみようという気が起きるはずです。

【音声があったほうがよいか？】

動きだけではなく、わかりやすい言葉で丁寧に音声により説明した方が素人にはメッセージが伝わりやすくなりますので、動画は効果的なツールになります。

◉「相続税申告書の書き方」での検索結果

葬儀費用の書き方〔 **相続税申告書の書き方** シリーズ 〕- **YouTube**

www.youtube.com/watch?v=dSwBO-ZfTls

2014/04/15 - アップロード元: Kenji Suzuki

葬儀費用のうち、**相続税申告書** 第13表に記載できるものについて分かりやすくご説明します！ すずき税理士事務所.

預金通帳の調べ方〔 **相続税申告書の書き方** シリーズ **...**

www.youtube.com/watch?v=3Pm8mYygFgo

2014/04/16 - アップロード元: Kenji Suzuki

預金通帳や定期証書等の調べ方について 簡単にご説明します！ すずき税理士事務所.

ご自身で**相続税申告書**を作成する場合の無料サポート概略図

www.teruya-zeirisi.com/index2.html ▾

しかし、相続税の申告書になじみがないからでしょうか、自分で作成するという行動にはなかなか至らないようです。種類によって ... そこで、財産の評価額、相続税申告書の記載方法（**相続税申告書の書き方**）など相続税申告書の 完成まで、メールを通じ無料で ...

平成**19**年分から平成**25**年分までの**相続税申告書**の様式全表 **...**

www.geocities.jp › トップページ › 税務情報 › 相続税 ▾

相続税申告書及び財産評価様式全表 **相続税**申告の際に使用する様式を掲載 この様式はエクセルにて作成し、自動計算にて金額や税額を求めます。

国税庁「「**相続税**の**申告書**」（平成**25**年分用）」等を公表 | **TKC ...**

www.tkc.jp › 上場企業の皆様へ › TKCエクスプレス › 国税庁 ▾

2013/07/31 - 平成25年7月31日（水）、国税庁ホームページで「「**相続税**の**申告書**」（平成25年分用）」等が公表されました。... 納税制度の概要」の把握から「連結納税**申告書**」の**書き方**まで、一連の連結納税の実務に必要な知識を2日間で学習できます。税 ...

▶医療業界

法律と同じくらい難しいのが医療関連の情報です。

「成功する動画を作るための4つのチェックリスト」を使うと、次のことがわかります。

【見込み客の悩みどころは?】

●連合弁膜症の心臓手術をしなくてはならないが、高齢患者への手術の事例が知りたい

「心臓手術　連合弁膜症　高齢患者」で検索するとウェブ検索の1位にユーチューブ動画が表示されます。

他にも色々なキーワードで上位表示しているので、再生回数もどんどん増えています。

この動画を作成した心臓外科医の米田先生は、外科手術をするかたわら、自ら患者さんを集めるためにブログを長年運営しており、動画紹介ページからブログにリンクを張って誘導に成功しています。

◉「心臓手術　連合弁膜症 高齢患者」で1位に表示される動画

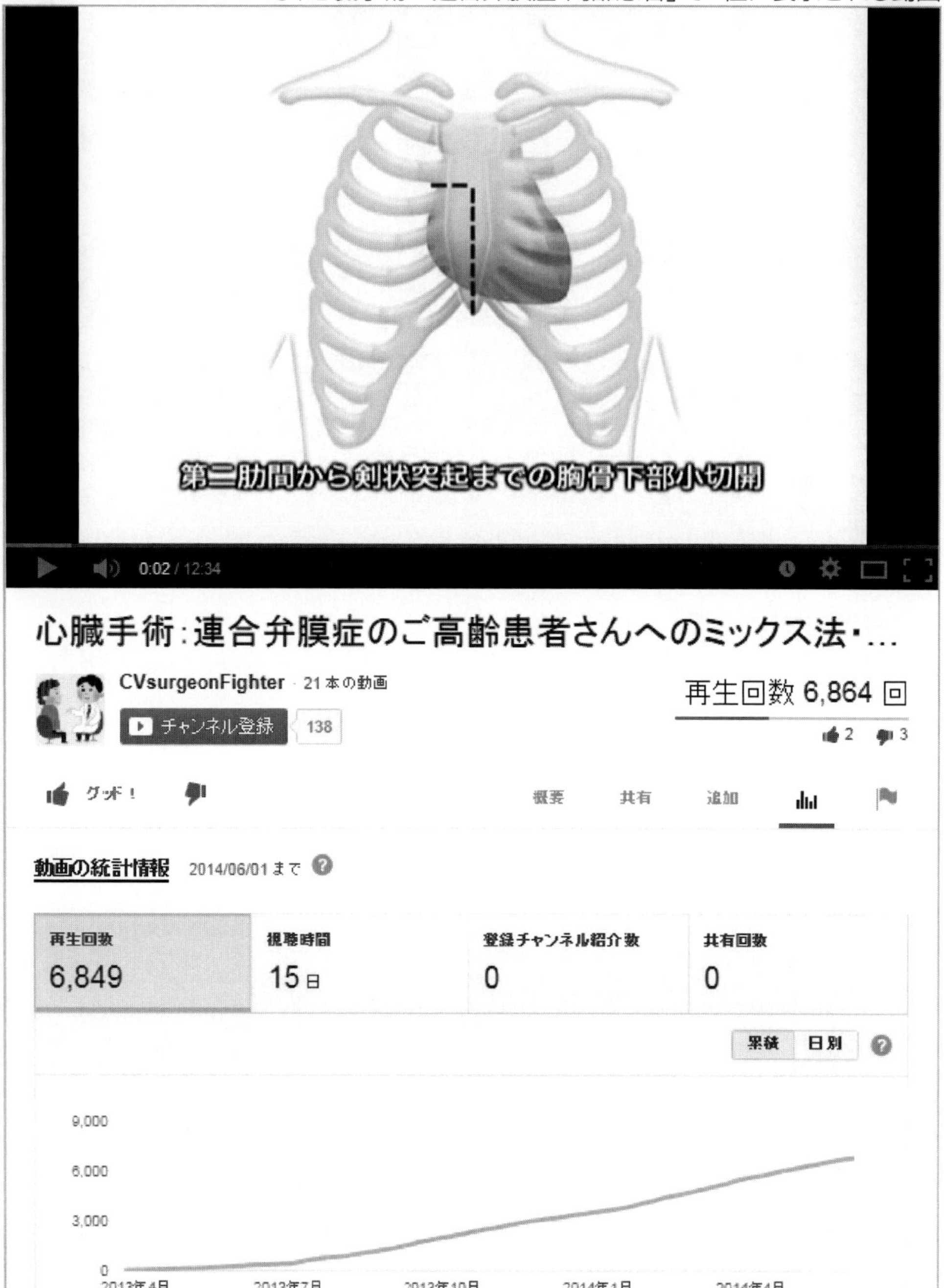

【見込み客が疑問に思うところは?】

●奥歯のインプラント治療を考えているが説明が聞けるか?

「奥歯のインプラント　説明」でウェブ検索をすると5、6、7位に動画が出ており、そのうち2件はユーチューブ動画です。

【動きがあったほうがよいか?】

体の中の複雑な歯や臓器の説明を受けるときはアニメーションがあり、絵が動いたほうがわかりやすいことがあります。

【音声があったほうがよいか?】

法律や教育と同じように、専門性の高い情報は文章よりも話し言葉による音声の説明のほうがよりわかりやすいので、音声があったほうがプラスになります。

医療関連の動画を作る際には、専門家が上から目線で一方的に患者に向かって説明するのではなく、患者目線でわかりやすく懇切丁寧に説明することが必要です。そうすることによって恐怖心を振り払って来院してくれるきっかけを作ることができます。

◉「奥歯のインプラント　説明」での検索結果

奥歯を**インプラント**にした方の体験談まとめ
安心**インプラント**.com/examples/molar.html ▾
インプラントの体験談の中から、**奥歯**の治療を行った膺の声を集めました。また、**奥歯**を**インプラント**にするメリットについて**説明**しています。

奥歯の**インプラント**の**説明**動画 その17SD - YouTube

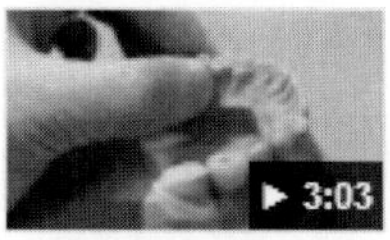

www.youtube.com/watch?v=ahx-UprAey4
2013/04/24 - アップロード元: allon4implantcenter
埼玉県さいたま市大宮駅西口7分鈴木歯科医院**インプラント**矯正センター
http://www.e-haisha3.com/archives.html 048-641 ...

下顎**奥歯**の**インプラント**手術 **説明**動画 症例 写真 画像 71 鈴木 ...

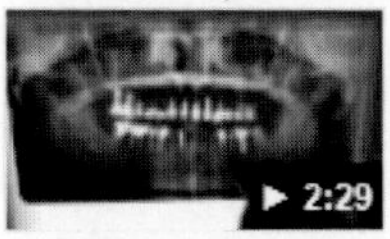

www.youtube.com/watch?v=rOm304_KRa4
2012/08/11 - アップロード元: allon4implantcenter
埼玉県大宮 鈴木歯科医院大宮矯正 **インプラント**センター
http://www.e-haisha3.com の**インプラント**の手術前の 動画 説 ...

上顎**奥歯**の**インプラント**手術の**説明**動画 79 鈴木歯科 - YouTube

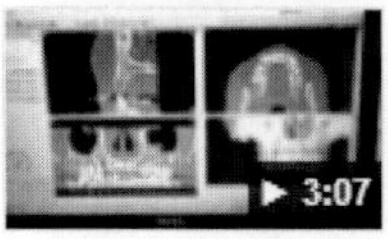

www.youtube.com/watch?v=Yi9eHMfr-T0
2012/12/07 - アップロード元: allon4implantcenter
埼玉県大宮駅西口 鈴木歯科医院**インプラント**センター
http://www.e-haisha3.com 048-641-0935の**インプラント**手術の ...

▶美容・健康業界

美容、健康業界において非常に効果があるテーマは利用者の声やビフォーアフターです。

薬事法が年々厳しくなり、言葉で効果効能を説明することが困難になってきています。

あくまで個人の感想だということを断った上で証言ビデオを撮り、言葉なしのビフォーアフターの映像を見せて効果があるということをアピールするのに最適なツールなのが動画です。

「成功する動画を作るための4つのチェックリスト」を使うと、次のことがわかります。

【見込み客の悩みどころは?】

●化粧水を上手く使うことができずにとても困っている

「化粧水　使い方」でウェブ検索すると9位にユーチューブ動画が表示されます。

◉「化粧水　使い方」での検索結果

化粧水の効果的な**使い方** - FC2

beautyhealthy.web.fc2.com/kesyousui.html ▾

化粧水の効果的な**使い方**. 高い化粧品をたくさん持っていても、**使い方**が間違っていると効果は半減してしまいます。実際に**化粧水**を使う際の注意点ですが・・・、.「手のひらに**化粧水**をとって顔をパシパシと叩くだけ」. といったやり方では、残念ながら**化粧水**の ...

化粧水の正しい**使い方** - YouTube

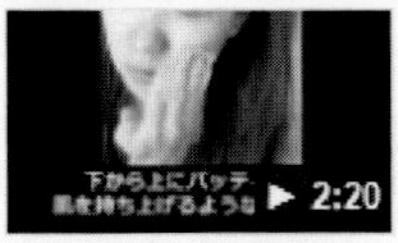

www.youtube.com/watch?v=bMdLZQEdHpc ▾

2010/05/09 - アップロード元: roseyou373

http://roseyou.jp/ 皆さんは、**化粧水**をどうやって使っていますか？コットン派？ハンド派？一体どっちの方が**化粧水**の浸透がい ...

出典 :**化粧水**の正しい**使い方** - スキンケアの森

skincarenomori.com/category6/entry10.html ▾ このページを訳す

この結果の説明は、このサイトの robots.txt により表示されません - 詳細

化粧水 使い方に関連する検索キーワード

ふき取り化粧水使い方	化粧水 使用方法
拭き取り化粧水	プレ化粧水
化粧水 つけない	パック 化粧水
ふきとり化粧水	拭き取り化粧水使い方
化粧水 効果	収れん化粧水使い方

この動画の内容は、

❶動画と静止画を織りまぜて化粧水を使っているモデルさんを撮影
❷大きな字幕で使い方を説明
❸最後に無事成功してモデルさんがスマイル

です。

美容グッズや美容サービスを提供している方はこのシンプルな方法が使えるはずです。

【見込み客が疑問に思うところは？】

●ブライダルエステのハンドマッサージに興味があるが実際どうなのか？

「ブライダルエステ　ハンドマッサージ」でウェブ検索をすると1位と2位にユーチューブ動画が表示されます。

【動きがあったほうがよいか？】

「たるみ治療　体験談」でウェブ検索すると患者さんのインタビュー動画が２、３位に表示されます。

患者さんの喜びは静止画の写真よりも生き生きと効果を語っている姿のほうが説得力を持つので、動画は感動を伝える最高のツールになります。

【音声があったほうがよいか？】

ほとんどの動画は軽快なＢＧＭがあれば充分です。

しかし、実際に利用して効果を実感して喜んでいるお客様の話は文章よりも肉声のほうが見込み客に伝わりやすいはずなので、証言ビデオは肉声を雑音のないように録音したほうがよいです。

◉「たるみ治療　体験談」での検索結果

最強たるみ治療の体験談
ウルセラ.net/taikendan/ ▾
ウルセラの**たるみ治療体験談**や、サーマクールを併用した場合の効果までリアルな事例集をまとめました。

目の下のくま・**たるみ治療** 手術**体験談**1 銀座みゆき通り美容 ...

www.youtube.com/watch?v=RltuUZnluI0 ▾
2012/10/24 - アップロード元: GINZAMIYUKI
銀座みゆき通り美容外科で、目の下くま・**たるみ**の解消術である「脱脂コンデンスリポ法」の手術を受けた加藤恵美様(仮名・28歳)に、手 ...

目の下のくま・**たるみ治療** 手術**体験談**4 銀座みゆき通り美容 ...

www.youtube.com/watch?v=W6BWCtDN_RU ▾
2013/04/22 - アップロード元: GINZAMIYUKI
銀座みゆき通り美容外科で、目の下のくま・**たるみ**の解消術である「脱脂コンデンスリポ法」の手術を受けた渡部真理子様(仮名・43歳 ...

たるみの口コミ・**体験談**やQ&Aをご紹介! | 美容医療相談室
biyou-iryou.jp/review/kw/**たるみ** ▾
たるみの口コミ&**体験談**をご紹介。美容医療・美容整形・美容外科について、**治療**法やクリニック、ドクターの満足度、失敗談をチェックしましょう!

以上が業種別のユーチューブ動画の企画方法でした。あなたの業種が含まれていれば幸いですが、そうでない場合でも似た業種や応用できそうな企画内容があったら、ぜひ参考にしてください。

「成功する動画を作るための4つのチェックリスト」を使って動画の内容や、目標キーワードを考えていただければ、何も考えずに作った場合に比べて格段に上位表示しやすくなるはずです。

そして上位表示したユーチューブ動画からリンクを張って自社サイトに誘導することにより、新規客獲得に貢献するはずです。

なお、動画からどうやって自社サイトに効果的に誘導するかは第5章で詳しく解説します。

第4章
ユーチューブ動画SEO対策4つのステップ その3：〈制作〉

YouTube SEO

動画の長さは？

これまでユーチューブ動画の需要調査、企画という4つのステップのうち2つをご説明してきましたが、それらが完了したらやっと動画の制作に入ることができます。

ユーチューブ動画の制作をするにあたって最も気になる部分が動画の長さ、いわゆる尺をどうするかです。

長時間の動画であればあるほど手間と時間、コストもかかります。

よく企業の動画制作で最初に間違う点がこの動画の長さです。

初めて動画を作ろうとすると、ただ見かけだけがかっこいい自社の会社案内動画を作るというミスをしてしまうことが多いと本書では何度も述べましたが、もう一つ犯しがちなミスは長ければ長いほどよい動画になると考えてしまうことです。

そう考える理由は、たくさんの情報を盛り込みたいので情報は詰まっていれば詰まっているほど、自分にとって有利だからです。

直感的にはたくさんの情報があればあるほど、売上アップに貢献すると思うのでしょう。

筆者もユーチューブ動画制作をするときに最初に勘違いしたのがこの点でした。

なぜ長い動画を作ろうとすることがそれほどよくないことかというと、それは動画を見る側の立場にまったく立っていないからです。

ユーチューブ動画を作ろうというのがあなたであり、それを見るのはあなたではなく見込み客なのです。

見込み客が1日の中で使える時間は、あなたと同じようにわずか24時間です。

その限られた時間の中で1つの情報を得ようとするときに、何時間、何十分とかけるつもりはほとんどの場合ありません。

グーグルやヤフージャパンで自分が疑問に思うこと、探している情報をサクっと検索するときに使える時間はほとんどの場合、数分間です。

それでも長すぎるくらいです。本当なら数秒、数十秒で済ませたいはずです。

これが作り手と見る側の立場の大きな違いです。

では実際のところこれまで新規客の獲得に役立ったユーチューブ動画の長さはどれくらいかというと、

1分以上10分以内。平均5分

です。

「短すぎる……」とがっかりするかもしれませんが、幸い長さは短ければ短いほどあなたの手間とコストを節約できるので、短い動画を作るのでよければあなたはそれによって経費を抑えることができるようになります。しかも短期間でたくさんの動画を作れるようになり、あなたの本当の目的であるユーチューブ動画による新規客の獲得への道が短くなるので喜んでください。短い動画で充分なら最低限のコストで最大の効果を達成できるのです。

YouTube SEO

プロフェッショナルな動画は作らない！

具体的にどのような動画をどのように制作するかのお話する前に避けてほしいことがあるので説明させてください。

それはプロフェッショナルなクオリティーのユーチューブ動画を作ろうとすることです。

誰でもプロが作るかっこいい質が高い映像の動画を作りたいものです。

しかし、何度も述べるように、そうした動画は時間とコストがかかってしまうのでプロフェッショナルなクオリティーのユーチューブ動画を作ろうとすると、新規客をグーグルやヤフージャパンの検索結果画面から直接、集客をするほどの効果は期待できないのです。

時間とコストをかけることにより本数は限られた数になりますが、その時間とコストを有効活用してもっとたくさんの動画を作れば、それだけ集客の可能性が飛躍的に高まるのです。

プロフェッショナルクオリティーのユーチューブ動画でよくあるのが

- 会社紹介型
- 商品紹介型
- セミナー型

の3つのパターンです。

これらは決して手を抜いてよいものではなく、かなりの時間が必要となるものです。

そしてほとんどの場合、自分では作れないので、プロの制作会社に依頼することになります。

そうすると、プロの制作者に何をどうやって指示していいか不慣れでわからないため、多くの場合は丸投げ（お任せ）になってしまい、自分の本来の目的が達成しにくくなるのです。

ただ、筆者はプロフェッショナル動画を完全に否定しているわけではありません。

プロフェッショナル動画を作るメリットは

社内のモチベーションアップや、自己満足をすることができる

というのがあり、「自分の会社とは何か？」「自分たちがなぜ働いているのか？」などが再確認できて、愛社精神を鼓舞することができます。ただし、対お客様という意味ではどうしても自己満足で終わることが多いのです。

プロフェッショナル動画のデメリットは大きく、それは、

費用と手間の割にはなかなか売上に直結しない

ということになります。

それではどのような動画を作るべきなのか？　それは本書のテーマである

カンタンユーチューブ動画

です。

これは割り切り型の動画といってもよいでしょう。

質や、個人的な好みは脇に置いておいて、とにかく新規客を集めるためだけに作るもの、もっといえば、自社の存在、自社商品の存在をこれまでまったく知らなかった他人に知っていただくためだけの動画です。

カンタンユーチューブ動画のメリットは

- 費用が安い
- 制作スピードが早い。時間がかからない
- 検索結果の場所取りができる

というものがあります。

制作期間が短いので、費用が安く済み、その分、たくさんの動画を作ることができます。

その結果、さまざまな検索キーワードであなたが作ったいくつもの動画がグーグルやヤフージャパンのウェブ検索結果に表示され、そこから自社サイトに誘導ができるようになるのです。

ただし、カンタンユーチューブ動画はメリットだけではありません。デメリットもあります。

それは、

- 手を抜きすぎると再生回数が増えず作る意味がなくなる
- 手を抜きすぎるとマイナスイメージになり、単なる自己満足で終わる

という点です。

極端に制作スピードを短縮して、たくさんの動画を作ろうとすると最低限守るべき品質を下回るものになり、ネットユーザーが見てくれなくなり、再生回数は増えずに新規客の集客に何も貢献しないという結果をもたらします。

仮に動画を再生してくれたとしてもプレゼンテーション、つまり見せ方があまりにひどいので企業に対して不信感、マイナスイメージを持つこともあるので、ビジネスにはマイナスに作用してしまいます。

ということで、最低限の品質を持ったカンタンユーチューブ動画を作ることが最短で新規客を獲得するのには最適なのです。

YouTube SEO

自社で作るカンタンユーチューブ動画とは？

新規客を獲得するための動画を最短でなるべく多く作るには、どうすればよいのでしょうか？

最初に決めるのは１本の動画の長さと、それを作るのにどのくらいの時間をかけるかという時間の問題です。

１本のユーチューブ動画を制作するのにあなたが投資する時間は、

企画＋撮影＋編集＋公開の４つのステップ合計で60分以内

を目指してください。１本の動画を作るのに丸一日かけていたら、毎週１本作ったとしても年間で50本くらいしか作れません。

本書で説明するやり方を実践していただくことにより、３カ月以内に数十本は作れるようになるはずです。

▶制作時間の短縮のためにできること

制作時間を短縮するためにできることは、次のようになります。

企画

第３章で解説した企画は、１つの動画を作るたびに企画するというのではなく、複数の動画を同時に企画することにより短縮できます。

たとえば、自社が販売する機械を使用している様子を撮影してほとんどそのまま公開する動画を作ると決めるのには30分もかからないでしょう。これも企画を考えて決定するのに30分かかったとしても、10本同じスタイルのものを作れば、１本あたりの企画時間は30分÷10本でわずか３分です。

撮影

撮影に要する時間のほうは、30分撮影して3分の動画を作れば1本の動画を撮影する時間は30分もかかりますが、30分撮影したものを編集して3本の動画を作れば1本あたりの撮影時間は30分÷3本でわずか10分の撮影時間に抑えることができます。

編集

編集は最低限の労力を必要とするスタイルの動画なら、1本あたり10分以内で済みます。

公開

公開というのはユーチューブの管理画面にログインして動画をアップロードして必要事項を記入する作業ですが、1本ずつ別の日や別の時間にアップするのではなく、まとめて1回あたり4本公開すればログインする時間や準備に要する時間を節約できるので、1回の公開作業時間に40分かかったとしても40分÷4本で10分だけに圧縮できます。

このシミュレーションの結果をまとめると、1本あたりのユーチューブ動画の制作に必要な総作業時間は

企画3分+撮影10分+編集10分+公開10分 = 33分

だけです。無論、最初は慣れていないのでその倍の60分近くかかったとしても毎回同じような作業を反復することにより慣れてくるので、このような短時間、あるいはさらに短時間になることも可能でしょう。1本あたりの総作業時間は、最長60分、最終目標は30分以内です!

これくらいの目安なら3カ月以内に数十本はできるはずです。

筆者のクライアント企業の場合だと最初の月に5本、2カ月目には10本、3カ月目には10本以上というようなペースでカンタンユーチューブ動画を公開することができています。しかもコストを抑えるために外注するのはなく、すべて自社で内製しています。

YouTube SEO

自社で作るカンタンユーチューブ動画10のパターン

1本のユーチューブ動画を企画してから公開するまでの時間は最長60分を目指すといいましたが、それを実現するためには作業を効率化するための10のテンプレートのうち、いずれかを使うことをおすすめします。

これらのテンプレートだと撮影時間・編集時間がかなり節約できるので、あなたの持っている時間をより多くの動画を作ることに振り向けることが可能になります。

カンタンユーチューブ動画には10のパターンがあります。一つひとつ見てみましょう。

▶カンタンユーチューブ動画 パターン1：商品デモンストレーション型

これは最もシンプルですぐにでも作れるパターンです。

ただ、商品が動いているところを、商品を使っている風景を撮影して、ほとんど編集せずにそのまま使う動画です。

筆者のクライアントのＭＦＣさんが作った「油圧パンチャー」という電動工具のユーチューブ動画は、まさに油圧パンチャーを使っている風景を撮影してそのままユーチューブにアップしたものです。

電動工具や工作機械、その他の機械類がユーチューブ動画に非常に適した商材です。その理由は、動きと音の両方をビデオカメラで撮影すれば、見込み客がお店に出向くよりもより多くの情報を得ることができるからです。

工具屋さんや、ホームセンターにいっても商品を自分で使うことは通常できませんし、忙しい店員さんがあなただけのためにデモンストレーションをしてくれることはまずないからです。

ただ、ホームセンターに行くと商品によっては小さな液晶テレビで商品のデモンストレーション動画を見せていることがあり、購買を誘発する工夫として普及しています。

◉商品デモンストレーション型の例

これをそのまま見込み客のパソコンの画面や、スマートフォン、タブレットの画面の前でやるのです。そうすれば、お店に置いている商品のデモンストレーション動画と同じか、それ以上の効果が期待できます。

実際にＭＦＣの熊野さんの話によると、上の例の動画をユーチューブにアップして自社サイトにリンクを張ったら売上が少なくても１・２倍に増えたということです。あなたもそうした商材を持っていたらぜひ試してみてください。文章だけでは伝わらないたくさんの情報、購買を促進する情報を画面越しに見込み客に提供するのです。

カンタンユーチューブ動画 パターン2：スライドショー型

スライドショー型というのは、文字通りスライドショー、つまり紙芝居のようなものです。

デジカメで撮影した写真や、画像編集ソフトで作成した画像を一定の順番で表示する動画です。

画像の全面には字幕を挿入し、音声はＢＧＭを使うか、画面を解説する人の音声を入れます。

デジカメ写真スライドショー型

本書の冒頭でご紹介したグーグルやヤフージャパンで「1000円カット 博多」で1カ月もしないうちに3位に表示された理容室のユーチューブ動画がこのパターンです。

画像編集ソフトで作った画像、店舗の写真、グーグルマップの地図画像などのスライドでそれぞれをズームしたり、ズームアウトしたり、画像を横にずらしたりすることにより動きを作るようにしたものです。

このような作品は動画というよりは、静止画をソフトにより動かして動きを作ったもので疑似動画といえるでしょう。

◉デジカメ写真スライドショー型の例

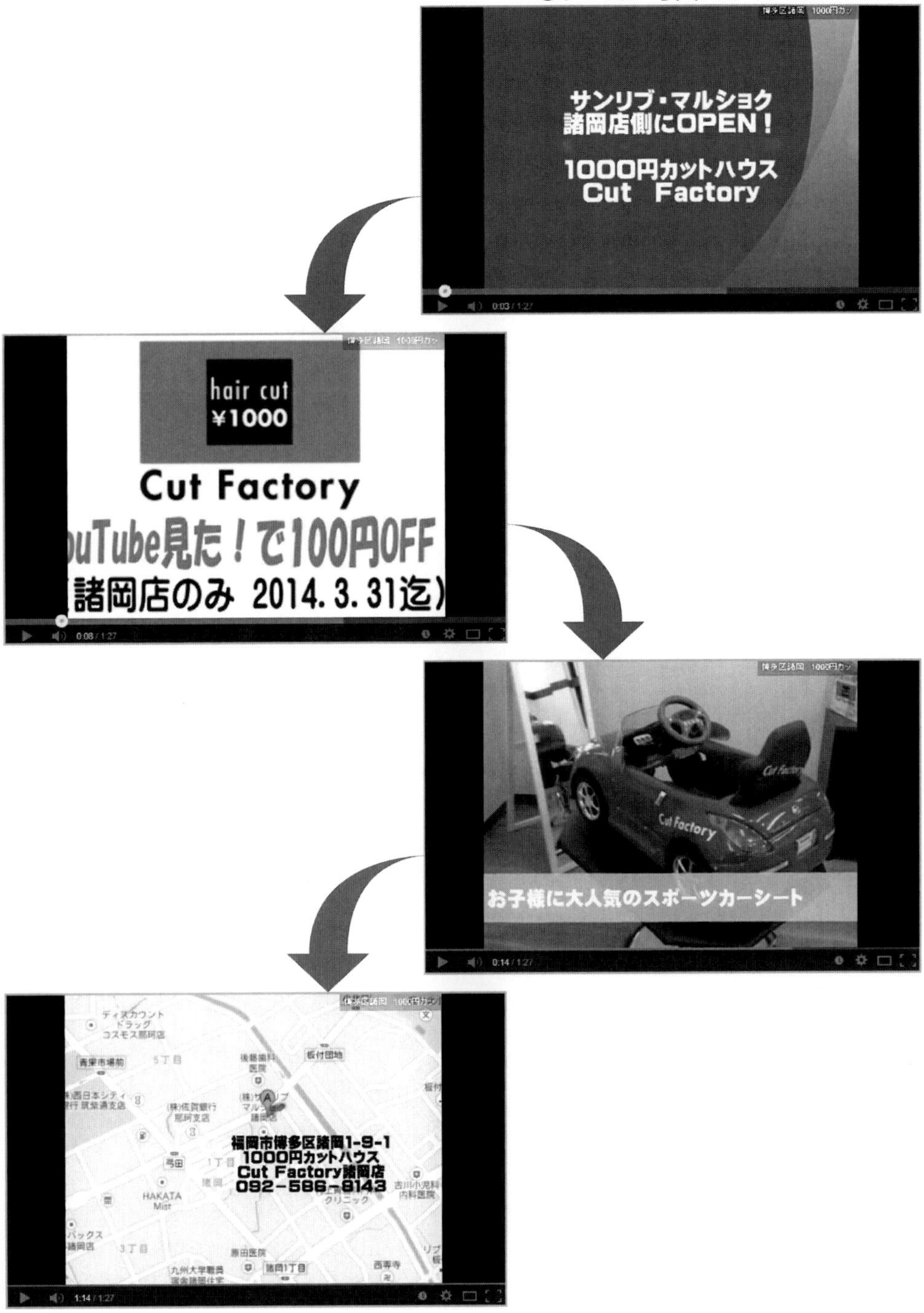

初めて動画を作ろうとするときには意気込んでビデオカメラで動く人や物を撮影しようと思いがちですが、必ずしも動く人や物を撮影するのではなく、静止画を動画編集ソフトを使って人工的に動かすというものでも充分なことがあります。

そうすることにより撮影の時間と費用を節約できますし、すでにあなたのパソコンにあるデータを再利用できたり、グーグルマップのようなネット上にある情報を使うことができたりします(ただし、著作権侵害はしないようにお願いします)。

ただ、静止画を人工的に動かした動画は軽快なBGMや画像を動かさないと、単調なものになりつまらない動画になることがあるので、これらの点には気を配るようにしなくてはなりません。

パワーポイントスライドショー型

スライドショー型にはもっとシンプルなスタイルがあります。

それは自社のサイトにある文字情報をパワーポイントに転記して少しだけ編集

し、それを人が音読して読み上げるというものです。

このやり方を最初に作った筆者のクライアントのＭＦＣさんは加齢臭を抑えるサプリメントを通販サイトで売っている会社で、「加齢臭を抑える食事」という目標キーワードを設定して、このことをテーマにしたカンタンユーチューブ動画を作成してアップしたところ、「加齢臭を抑える食事」で１位表示されるようになりました。

この動画の作り方は非常にシンプルで、

❶サイトにあった情報をプレゼンソフトのパワーポイントで箇条書きにする
❷スライドさせながら、女性がパソコンに接続したマイクで原稿を読み上げる

というものです。

代表の熊野さんのお話によると、原稿を読み上げる女性は近所の知人の方で、ア

ルバイトとして手伝ってもらったそうです。

その動画がウェブ検索で表示されるようになり、動画詳細ページから自社サイトへの流入が増えて売上アップに貢献した事例です。

こうしたプレゼンソフトを使ったスライドショー読み上げ型はどのような業種に最適化というと、健康、医療、建築、法律、美容などです。複雑な概念を知識のほとんどない見込み客にわかりやすく説明するという面で、とても効果的な手法です。

▶カンタンユーチューブ動画 パターン3：読み上げ型

先程の例の読み上げ型はプレゼンソフト以外にもさまざまなスタイルがあります。読み上げ型のよい点は短時間で制作ができるというだけではなく、読み上げている人を画面に入れないようにすれば画面に出るのが恥ずかしいと思う方でも声だけなら問題がなくなることがあるという点です。

また音読することに自信がない場合は音読が自分よりも上手そうな方や、声のよいと思う方に代わりに読み上げてもらうこともできるので出演者に関する悩みも解消できます。

ウェブページ・ブログ記事読み上げ型

非常にシンプルな制作手法の1つが自社のホームページに書かれていることや、ブログの記事を読み上げるというものがあります。

これならほとんど何も準備しなくてもすでに手をかけて作った情報を再利用できるので、極端に制作時間を短縮できます。

このやり方が適切なのは、技術の説明や難しいテーマの場合です。そうしたややこしい話題のものは、ネットユーザーは文字を集中して読むよりも、音声を聞いて画面を眺めるだけでよいので、受け手としても負担が少ないのがよいところです。

◉ウェブページ・ブログ記事読み上げ型の例

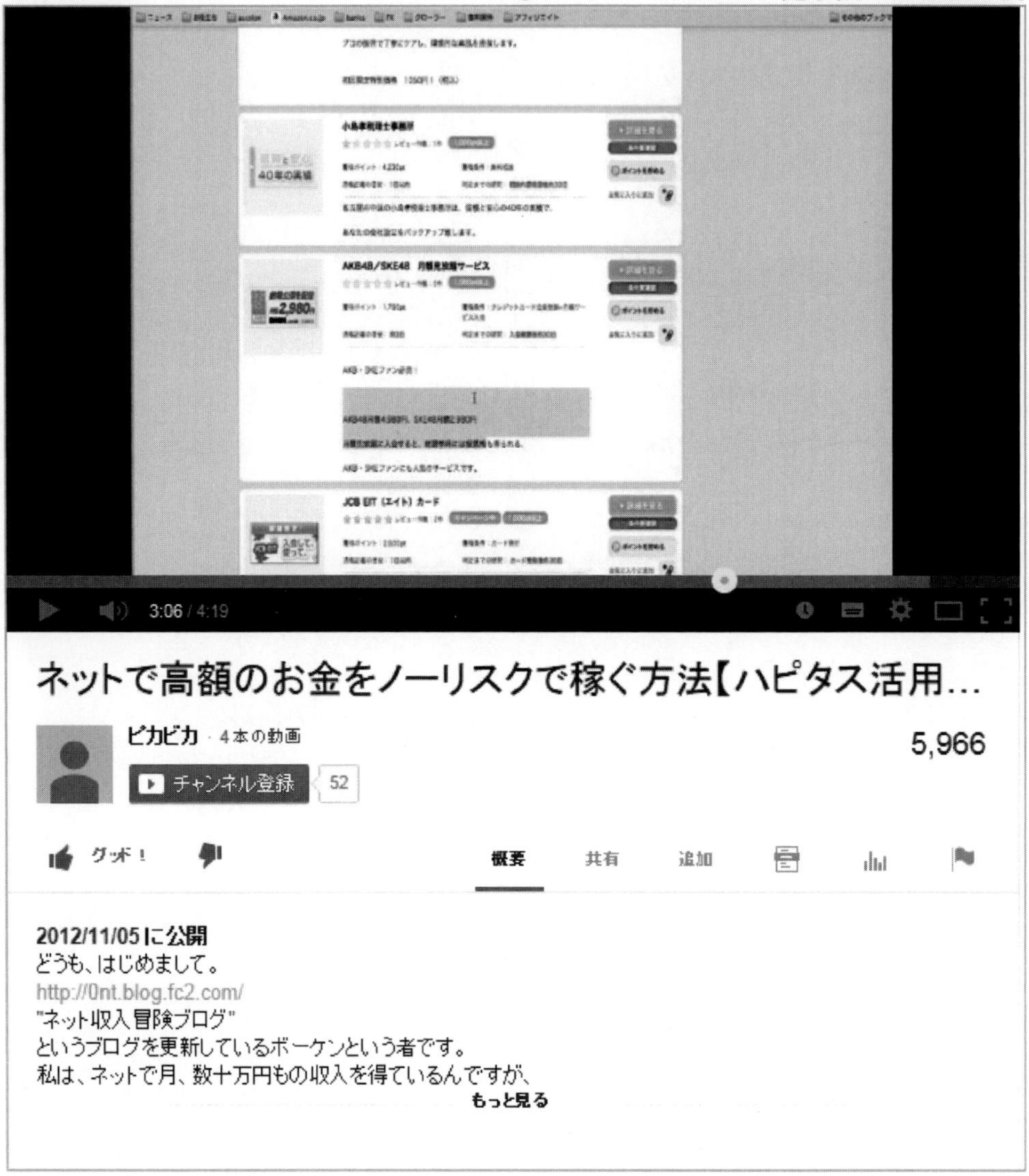

紙資料読み上げ型

こうしたやり方は紙媒体にも適用できます。

普段、お客様に配っている紙の資料を担当の方がそのまま読みあげれば、あたかも目の前にいる人に説明を受けているような気分にもなり営業上の効果も期待できます。

ホワイトボード読み上げ型

自社サイトにある文字情報や、紙の資料を見ながらよりわかりやすくするために、文字情報をホワイトボードに書いてそれを読み上げれば会議室や、学習塾の雰囲気がして視聴者の集中力を喚起できることが期待できます。

実際にビジネスのためのユーチューブ動画で多いのが、ホワイトボードを背景に講師の方が情報をわかりやすく箇条書きにしてカメラを見ながら解説するというものです。

●紙資料読み上げ型の例

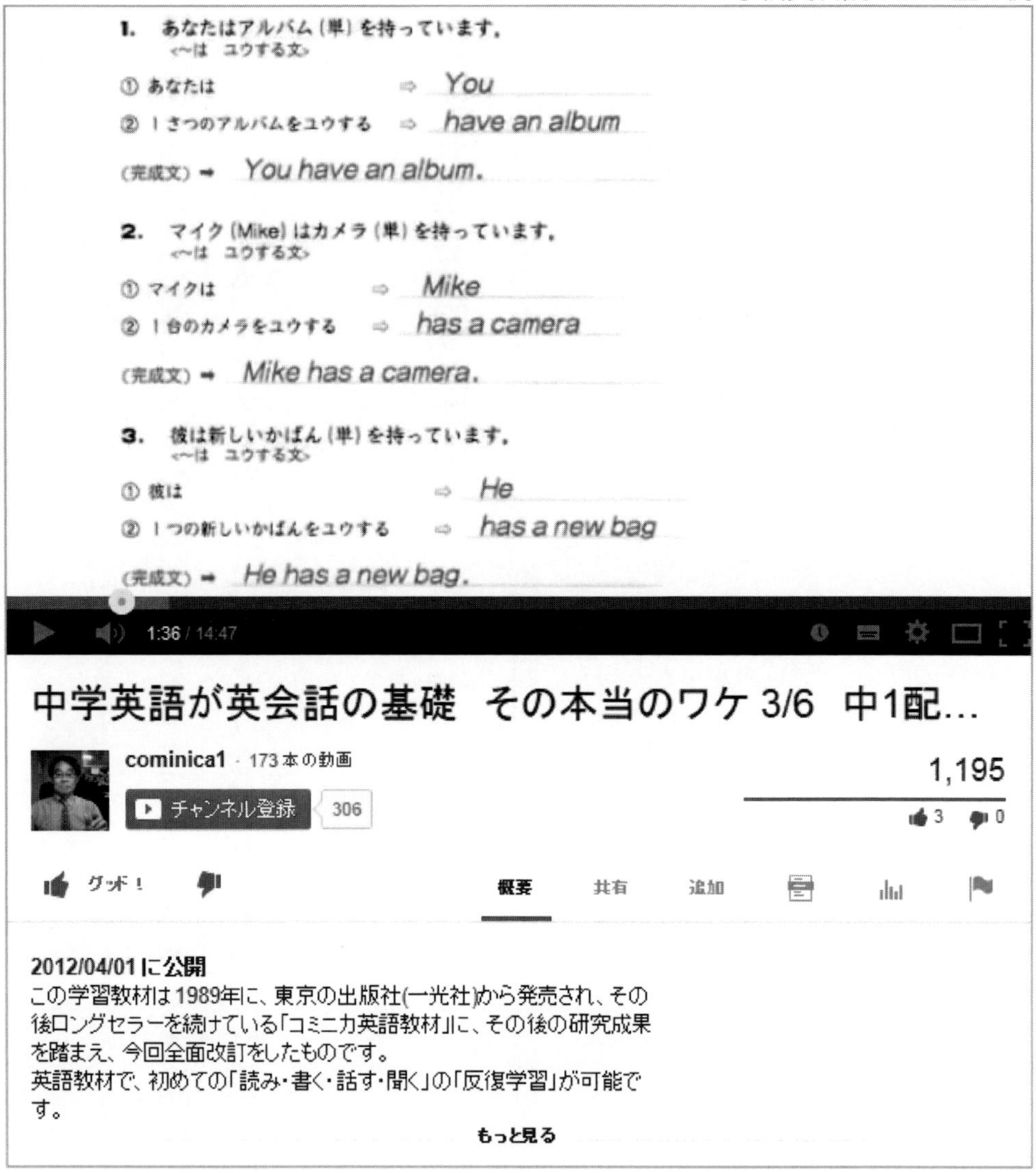

1. あなたはアルバム(単)を持っています。
<~は ユウする文>
① あなたは ⇨ You
② 1さつのアルバムをユウする ⇨ have an album
(完成文) ➡ You have an album.
2. マイク(Mike)はカメラ(単)を持っています。
<~は ユウする文>
① マイクは ⇨ Mike
② 1台のカメラをユウする ⇨ has a camera
(完成文) ➡ Mike has a camera.
3. 彼は新しいかばん(単)を持っています。
<~は ユウする文>
① 彼は ⇨ He
② 1つの新しいかばんをユウする ⇨ has a new bag
(完成文) ➡ He has a new bag.
1:36 / 14:47
中学英語が英会話の基礎 その本当のワケ 3/6 中1配…
cominica1 · 173 本の動画
チャンネル登録
306
1,195
3
0
グッド！
概要
共有
追加
2012/04/01 に公開
この学習教材は1989年に、東京の出版社(一光社)から発売され、その後ロングセラーを続けている「コミニカ英語教材」に、その後の研究成果を踏まえ、今回全面改訂をしたものです。
英語教材で、初めての「読み・書く・話す・聞く」の「反復学習」が可能です。
もっと見る

◉ホワイトボード読み上げ型の例

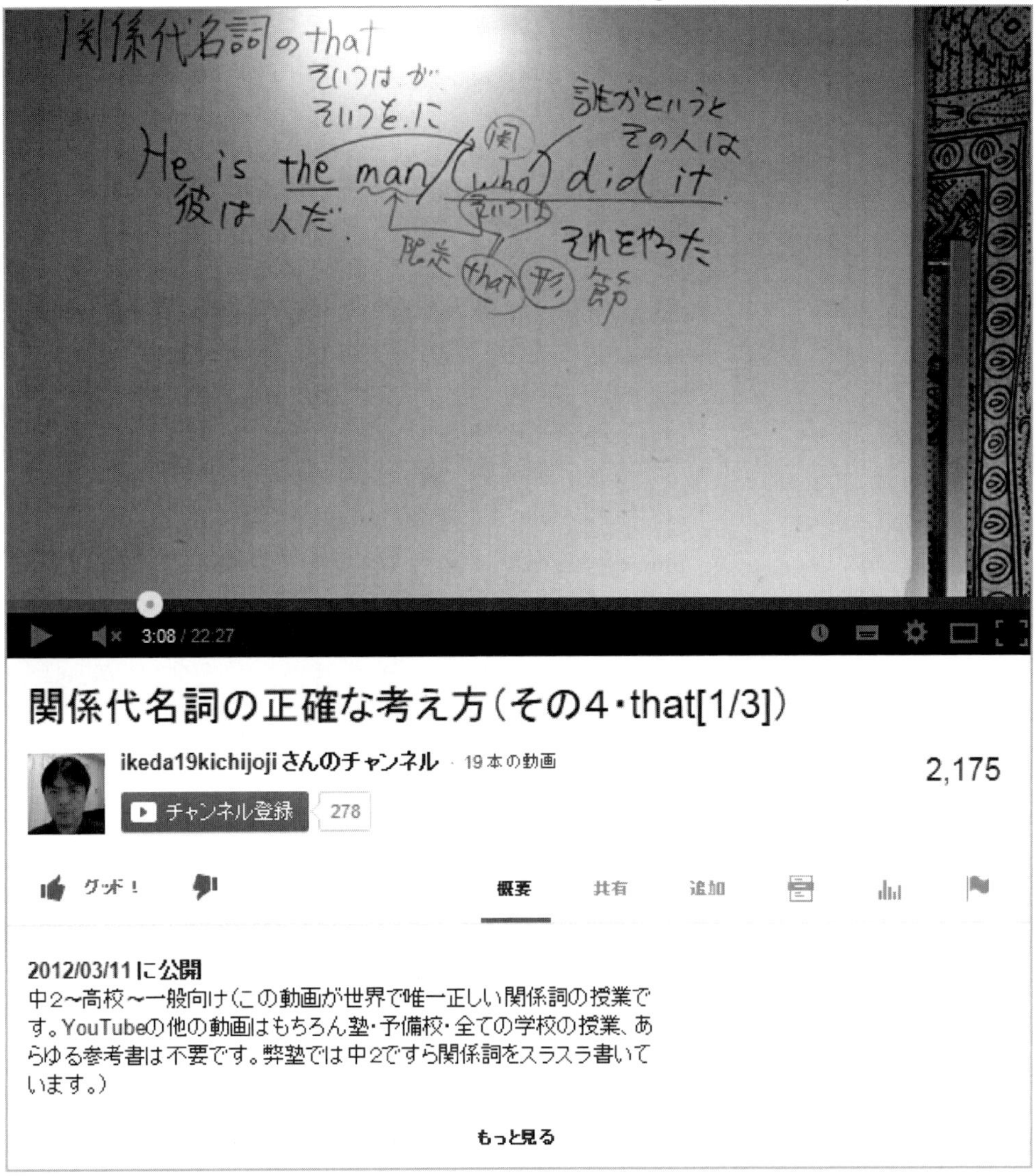

プロジェクター・電子ホワイトボード読み上げ型

ホワイトボードの代わりに、プロジェクターや、ホワイトボード代わりに使えるプロジェクターを背景に、講師がそれを読み上げながら解説するというスタイルも最近では増加してきています。

そうした高価な道具を持っていてもあまり活用していないという方は、特に宝の持ち腐れにならないためにも、このやり方をおすすめします。

タブレット手書き型

電子ホワイトボードがなくてもタブレットには手書き入力ができるものがあり、プレゼンソフトをキャプチャー動画で撮影しながら手書きペンで音声の説明とともに説明したことを書くと、不思議な映像に見えて視聴者の注意を引くことも可能です。

◉プロジェクター・電子ホワイトボード読み上げ型の例

◉タブレット手書き型の例

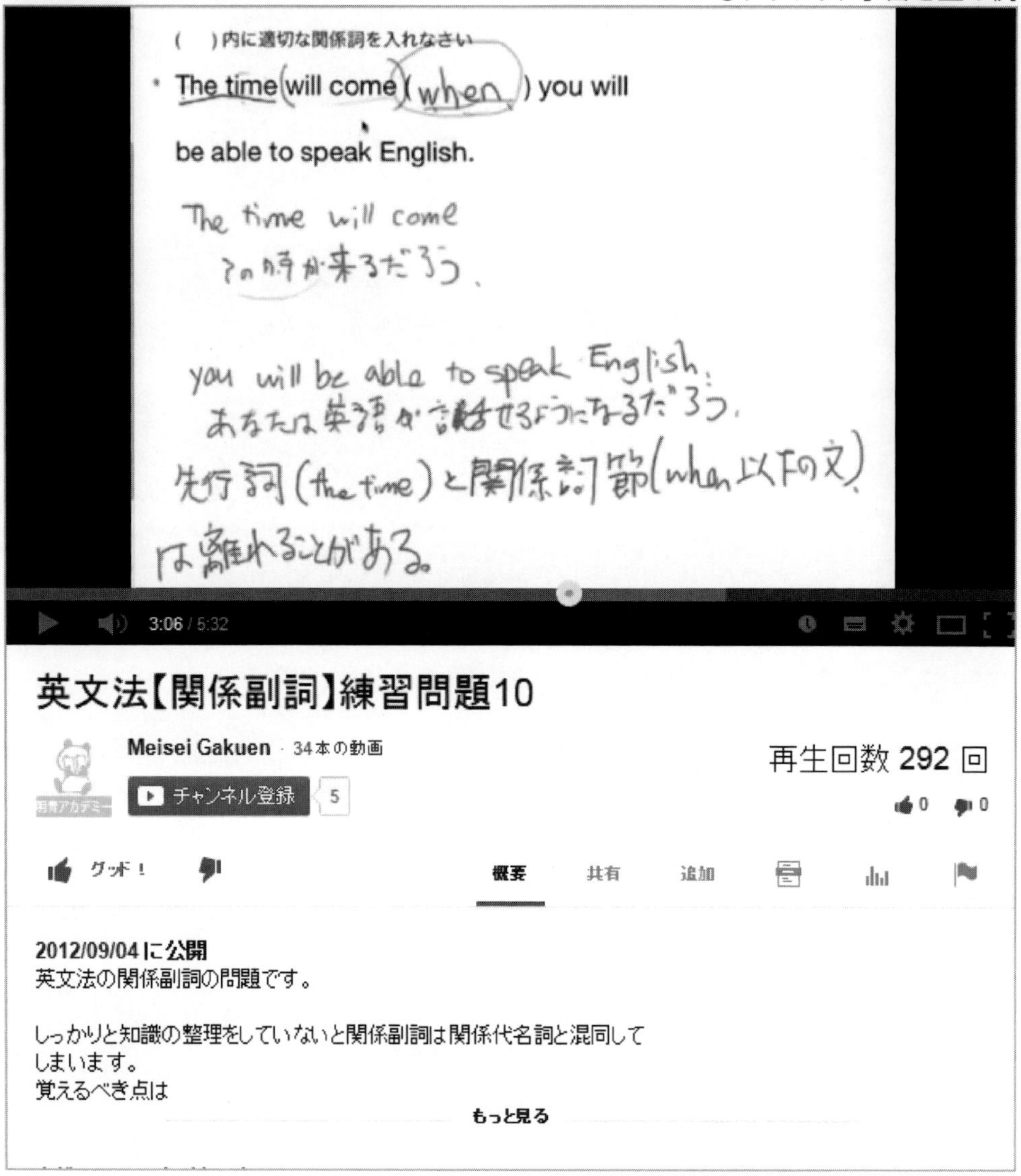

▶カンタンユーチューブ動画 パターン4：講座型

先程のホワイトボード読み上げ型、プロジェクター読み上げ型では、読み上げる人を画面に映さないで声だけでもＯＫですが、講座型の場合はホワイトボードやプロジェクターを指しながらカメラに向かって一人が説明をするスタイルです。

このスタイルが効果的なのが、学習塾やコンサルタント、セミナー講師の動画の場合です。

保険の無料相談をしている生命保険相談39さんというクライアントさんは、プロの保険マンがわかりやすくホワイトボードを使って保険の仕組みを解説して自社サイトのアクセスアップに効果を出しています。

●講座型の例

0:06 / 2:03
逆ハーフタックスと節税効果
FPASSOCIATION · 17 本の動画
チャンネル登録 3
再生回数 177 回
0 0
グッド！
概要
共有
追加
2013/10/23 に公開
逆ハーフタックスプランがもたらす節税効果を解説しています。
法人は保険料の50%が保険料として単純損金します。
経営者は満期保険金の50%が一時所得となり実質所得税25%以下に
もっと見る

一から講座型ビデオを撮影するのは大変だという方は、過去に撮影した講座、セミナーなどのビデオがあったらその一部を数分の動画にして上位表示しやすいタイトルを付けてアップするとよいです。

筆者も1日2本くらいのペースで過去のセミナー動画の中で1つのポイントを説明しているものを切り出してユーチューブにアップしており、それがきっかけとなり各地で開催しているセミナーに足を運んでいただいたり、セミナー動画の本編を購入していただいています。

◉筆者がアップしている動画

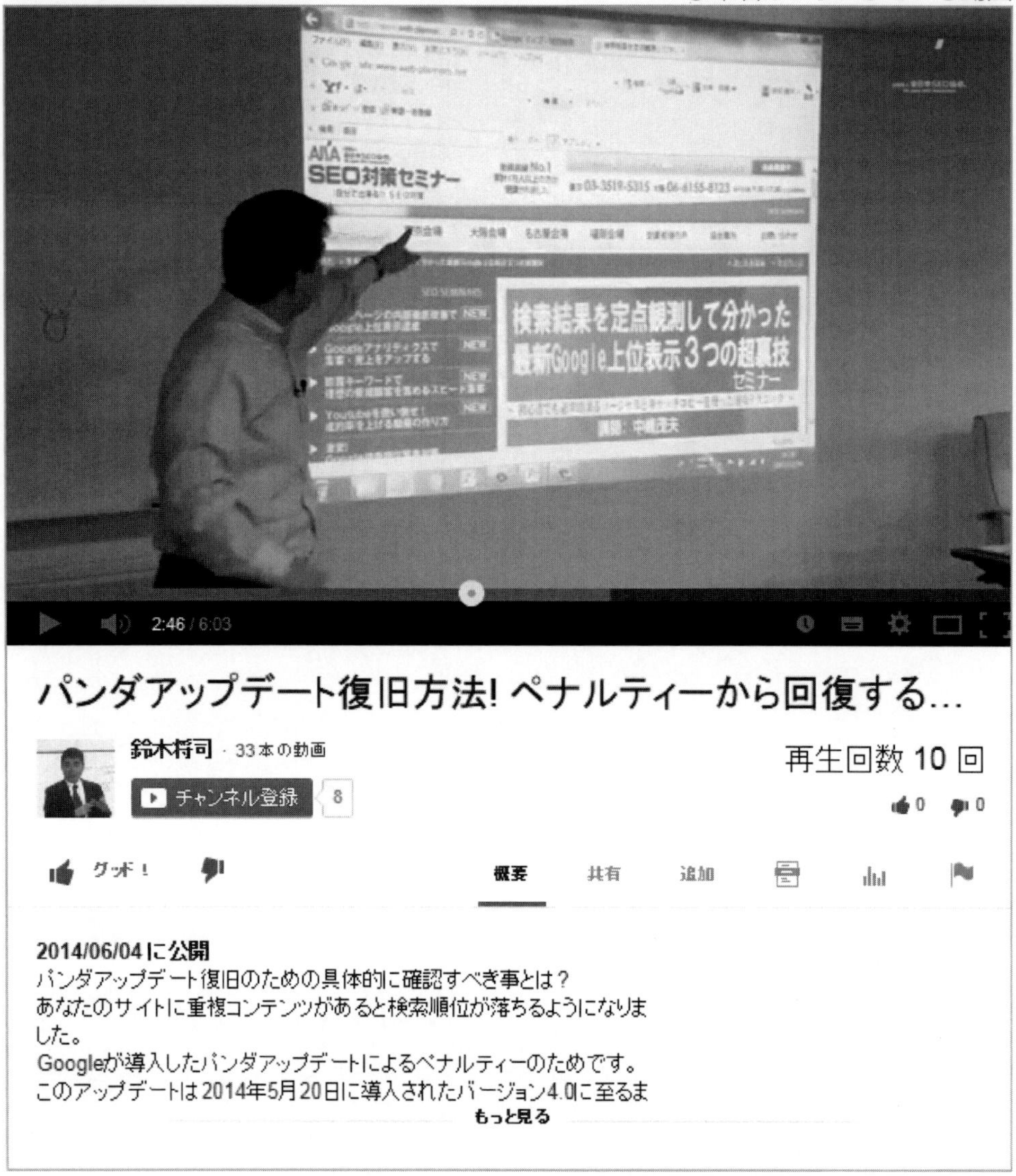

▶カンタンユーチューブ動画 パターン5：Q&A型

作りやすい動画のパターンとしておすすめなのが、Q&A形式の動画です。動画の最初にお客様からの質問を読み上げて、それに対して担当者が答えるというものです。

なぜこれが作りやすいのかというと、ほとんどのホームページにはすでに「Q&A」や「よくいただくご質問」というページがあるので、そこにすでに書かれている質問を読み上げて、それに対してカメラを見ながら簡単に回答するというシンプルな形式だからです。

ホームページにあるQ&A以外では、これまでメールで見込み客や既存客の方からの質問を抜き出して少し編集すれば、たくさんの質問文を作ることができるので、ネタがすぐに尽きないのでたくさんの動画が作れます。

筆者のクライアントの日本仏事ネットの寺田さんは、これまで3カ月近くかけて300個以上の動画をこのQ&A形式で作っています。実際に問い合わせをしてくれた方から「動画を見たよ」と言われるケースが増えてきて、成約にも結び付くようになりました。

この方が主に上位表示を目指してきた目標キーワードは、

（霊園名）＋石材店

例：青山霊園　石材店

お墓の建替　石材店

（都道府県名）の霊園　相場

例：千葉県の霊園 相場

再整備墓所

などで、そのほとんどがグーグルやヤフージャパンのウェブ検索で1ページ目に表示されるようになりました。

◉Q&A型の例

▶カンタンユーチューブ動画 パターン6：現場説明型

現場説明型の動画というのは、工事現場や、製造現場での作業風景や様子を撮影して臨場感を出すために音声も録音するものです。編集はとくに必要ありませんし、ＢＧＭは入れない方がリアリティーが増すので、作るのが非常に楽です。家族で旅行に行ったときに撮る動画とほとんど同じ感じのものです。

無言で現場の風景を撮るだけでもよいですし、何か言葉で伝えたい情報があれば現場で働いている人にカメラを撮影している人が質問をすればよいでしょう。

◉現場説明型の例

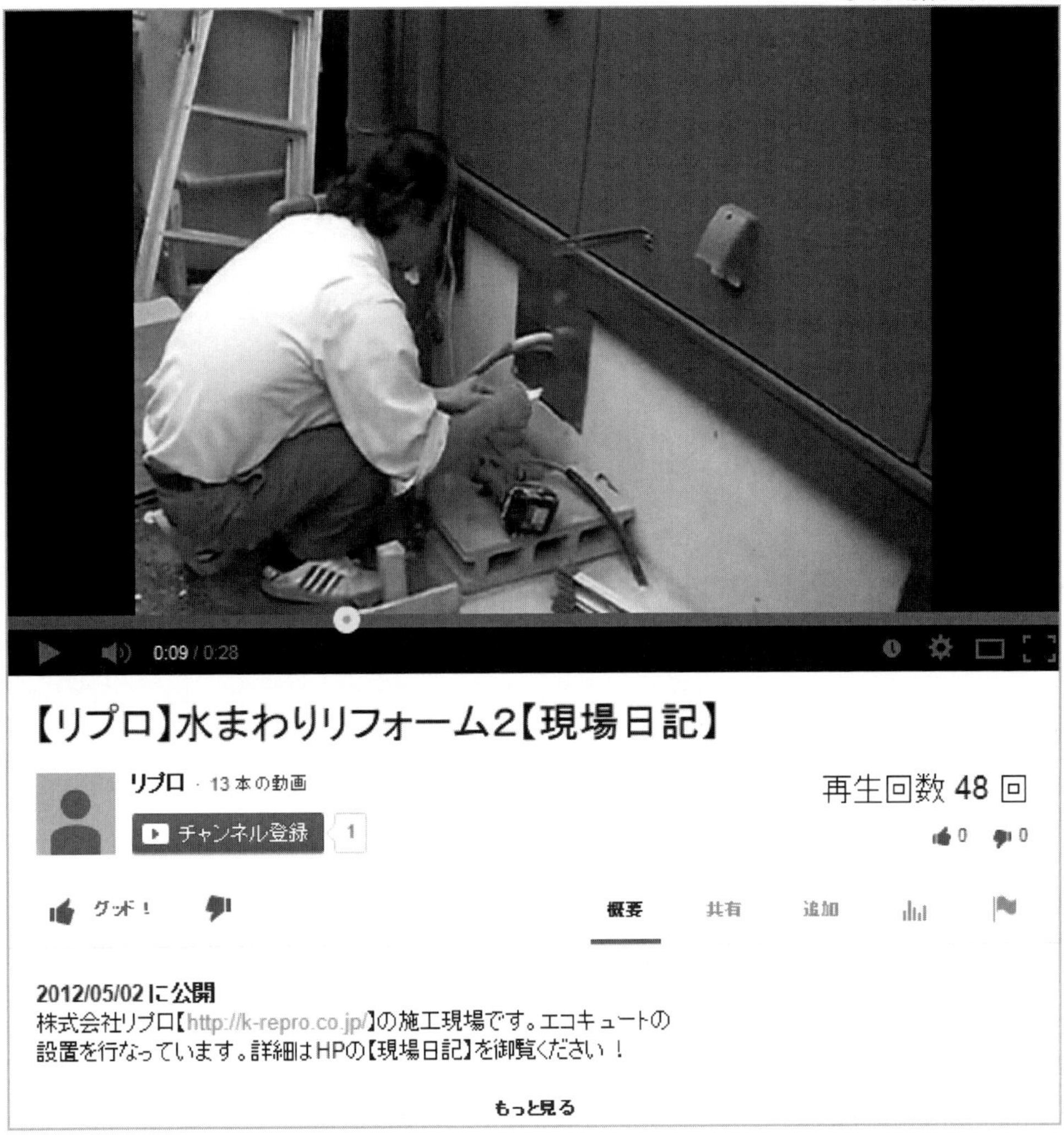
0:09 / 0:28
【リプロ】水まわりリフォーム2【現場日記】
リプロ · 13 本の動画
チャンネル登録 1
再生回数 48 回
0 0
グッド！
概要
共有
追加
2012/05/02 に公開
株式会社リプロ【http://k-repro.co.jp/】の施工現場です。エコキュートの
設置を行なっています。詳細はHPの【現場日記】を御覧ください！
もっと見る

▶カンタンユーチューブ動画 パターン7：取材型

お客様のところに訪問して商品、サービスの感想を聞くのが取材型です。

内容は、

❶担当者がお客様に感想を聞く

❷テロップに質問文を表示し、お客様のポジティブな回答も表示する

となります。

グーグル、ヤフージャパンで「木造社屋　耐震補強」でウェブ検索をすると5位に表示されるのが、このやり方を実践した株式会社エコリフォームさんのお客様取材動画です。

◉「木造社屋　耐震補強」で5位に表示される動画

耐震補強 - リフォーム 事例 **-** エコ リフォーム 東京

example.eco-inc.co.jp/cat108/ ▾

木造築60年の**社屋** ネームプレートやメダルといった、繊細な技術を要する金属のプレス加工を専門とされております、青谷製作所様の**社屋**を**耐震補強**させていただきました。稼働中の**社屋**というご事情を踏まえた計画を立て、これからも皆様が安心してお仕事を ...

お客様インタビュー:新宿区 A様－築60年**木造社屋**の**耐震補強**

www.eco-inc.co.jp/movie/2013/01/voice-60.php ▾

エコリフォームTV > お客様インタビュー >お客様インタビュー:新宿区 A様－築60年**木造社屋**の**耐震補強** ... 築60年の三代つづく**木造社屋**の**耐震補強**をご依頼くださいました、新宿区で金属プレス加工の製作所を営む青谷製作所さまにインタビューさせていただき ...

耐震補強されたお客様へインタビュー／新宿区・A様 **- YouTube**

www.youtube.com/watch?v=Qsw4Qim1_yY

2012/07/08 - アップロード元: ecoreformtokyo

http://www.eco-inc.co.jp/ 江東区にあります、株式会社エコリフォームのお客様インタビューです！ 築60年の**木造**の**社屋**の ...

耐震補強 - 京都建物安全管理協会

www.npo-pita.org/hokyo/index.html ▾

調査内要にて不安要因が多く、**耐震**診断→**補強**設計 →リノベーションとなりました。(画像をクリックしますと ... 壁の**補強**工事. **耐震**用のブレース 取り付け, **社屋** 外部完成, **社屋**内部完成 ... を提案いたします。【**木造**住宅編】(画像をクリックしますと拡大します。) ...

動画だけではなく、この会社のウェブページがその上の3位と4位にも表示されているのは、まさにユーチューブ動画がウェブページの順位アップにも貢献するという証明にもなっています。

お客様の取材動画を漠然と撮るだけではなく、この例のようにニッチな検索キーワードを目標にすることを忘れないでください。ニッチな検索キーワードの他は、「×××××+評判」「×××××+口コミ」などというキーワードを狙うと動画の内容とマッチして効果的です。

▶カンタンユーチューブ動画 パターン8：対談型

カメラに向かって一人で画面に映るのが最初は難しい場合は、ゲストを招いたり、自社のスタッフさんとテーブルを挟んでなるべくリラックスした雰囲気で対談する動画にすると、やりやすいことがあります。

筆者が動画に映るのが慣れていなかったころに撮影したのが「WEB制作業界景気動向」でウェブ検索の1位と2位の動画で、筆者と筆者のクライアントの株式会社ジーニアスウェブの小園さんという方との対談動画です。

◉「WEB制作業界　景気動向」で1位と2位に表示される動画

WEB制作業界の景気動向とは？ - YouTube
www.youtube.com/watch?v=VZm9VHJ4C3g
2009/01/27 - アップロード元: seonews
WEB制作業界の景気動向、競争環境をジーニアスウェブ小園浩之氏にお聞きしました。・3〜4月以降、WEB制作業界 ...
▶ 4:53

G6.激戦になるWEB制作業界へジーニアスウェブ今後の展望と ...
www.youtube.com/watch?v=jHBsByTCZbw
2009/01/27 - アップロード元: seonews
今後、激戦が予想されるWEB制作業界へジーニアスウェブはいかに取り組むのか？・どの分野に参入するのか？・ジー ...
▶ 9:50

G2.ホームページ制作、WEB制作業界の景気動向とは？ - Veoh
www.veoh.com/.../yapi-VZm9VHJ4C3g?...ホームページ制作、WEB制...
WEB制作業界の景気動向、競争環境をジーニアスウェブ小園浩之氏にお聞きしました。・3〜4月以降、WEB制作業界の価格競争が激化する？・08年10月以降、赤字のWEB制作会社が急増。・制作会社の倒産も。株式会社ジーニアス ...

IT業界 景気動向 報告スレ40 - 2ちゃんねる
ikura.2ch.net/test/read.cgi/infosys/1388935966/
IT業界 景気動向 報告スレ 40. 1：非決定性名無しさん：2014/01/06(月) 00:32:46.83: IT業界 景気動向 報告スレ 40 .... 職業訓練でやらせてもらえるようなもの（Web作成、プログラム作成、Word/Excel、帳票入力）・認定試験があると有利と思われがちなこと（ ...

他社の方を招いてゲスト出演をしてもらうことにより得られるメリットは、

- 自分は質問をするだけでよいので負担が少ない
- 他社のことをテーマにするので内容がマンネリにならないで済む
- ゲスト出演してくれた人が自分のブログやメルマガ、ソーシャルメディアなどで紹介してくれることがあるので再生回数が増える

というようにたくさんあります。

また、自社のスタッフを取材する場合のメリットは普段、自社サイトに情報を提供していなかった現場の人などの重要な情報を引き出すことができるので、これまでとは違った自社コンテンツを増やすことができるというものがあります。

カンタンユーチューブ動画 パターン9：実況中継型

とても簡単に制作できる動画のパターンの1つに実況中継型というものがあり

ます。

どのようなものがあるかというと、

- コンサルティングの様子
- 教室の授業風景
- 手術風景の実況中継
- ライブハウスの様子の実況中継

など、作られた映像よりも現場の生の様子を見せた方が説得力が増すことがありますし、インパクトがあるので再生回数を稼げることもあります。

実況中継なら素人がビデオカメラやスマートフォンで録画し、ほとんど編集しないでほぼそのままアップできるので効率も高く、たくさんの動画をアップすることも可能です。

◉実況中継型の例

サーブレットショッピングサイトプログラミング**実況中継** 商品一覧 ...

www.youtube.com/watch?v=QeO0I3OLUvs

2014/01/13 - アップロード元: sankakumusubi

ショッピングサイト(本のネットショップ)とその在庫管理やサンクスメール設定などの管理画面のプログラムをコーディングしていく模様を実**況中継**します ...

語彙力増強英会話**実況中継 62**動詞編 **pick** プロモーション ...

www.youtube.com/watch?v=3CEBjuzfK6U

2013/01/19 - アップロード元: cominica1

当動画関連教材 ○ネイティブが選んだ日常会話必須62動詞HTML版所収全2809の文例にネイティブの音声付き ...

北海道発！「牛乳パックで紙相撲」を**実況中継**。- Ustream

www.ustream.tv/channel/kamizumou ▾

北海道発！「牛乳パックで紙相撲」を**実況中継**。全国各地から集った地域の個性あふれるご当地力士たちが横綱を目指して行う9日 ...

語彙力増強英会話**実況中継 62**動詞編 **try** プロモーション ...

www.youtube.com/watch?v=WKMCuuwLu2M

2013/01/19 - アップロード元: cominica1

当動画関連教材 ○ネイティブが選んだ日常会話必須62動詞HTML版所収全2809の文例にネイティブの音声付き ...

▶カンタンユーチューブ動画 パターン10:ニュース解説型

保険や、株式投資のような金融業界など、絶えず新しいニュースが生まれ変動する業界の方に最適なのが最近の業界のニュースを読み上げて、自分の感想や解説をするというものがあります。

以上、1から10までのパターンをご紹介してきましたが、あなたの今の状況の中ですぐできそうなものから試してください。無理をしてあなたにとって難しいパターンの動画を作る必要はありません。動画制作の難易度と売上は比例しません。1つの凝った動画を作る時間があれば、その時間でカンタンユーチューブ動画をよりたくさん作ることを心がけてください。

YouTube SEO

自社で作るカンタンで効果的な撮影方法は？

撮影に使う機材ですが、さまざまな選択があります。

ホームビデオカメラ

家庭用のホームビデオカメラを持っている方はそれを使えますし、ソニーなどの大手メーカーのハイビジョン撮影ができて、ハードディスクに録画できるものも最近では2万円台で購入できます。

一眼レフカメラの動画撮影機能

さらに高画質、特に奥行きを出したい場合は、ほとんどのデジタル一眼レフカメラが動画撮影できるようになっています。

スマートフォン、タブレット

最近のスマートフォンやタブレットは画素数も多く、ユーチューブ動画を撮るレベルなら充分な性能があります。

移動中の動画を撮影するとき、アウトドアの撮影ならスマートフォンのビデオカメラで撮影すると臨場感・ライブ感を出すことができます。室内で撮影するときは、スマートフォン専用の三脚が数百円で売っているのでそれを使う方も増えています。

パソコン

カメラに向かって一人で何かを解説するなら、利用しているノートパソコンに内蔵されているカメラで撮影すれば出費はないですし、どこでも撮影できるという利点があります。

以上が撮影についてですが、動画撮影というと、つい意気込んで高価なビデオカメラが必要ではないとかと思いがちですが、このようにすでにあなたの周りはビデオカメラだらけということもあるので、なるべく持っているものを活用してください。

YouTube SEO

自社で作るカンタンで効果的な編集ソフトは？

動画の編集も難しく考えがちですが、実はすでにあなたの持っているパソコンやタブレットにインストールされていることがあります。

iMovie（iOSデバイス向け）

iPadの最新版を購入すると無料でインストールされているのが、iMovieです。筆者が生まれて初めてユーチューブ動画を作ったのは、実はこのiMovieという便利なソフトです。

何が便利かというと、あらかじめプロが作ったテンプレートが何本も用意されていて、音楽も非常にかっこいいプロ並のものがＢＧＭとして使えるようになっていることです。

自分が撮影した静止画や動画を簡単に取り込めて、映画やテレビ並のかっこいい動画を作ることができます。作った動画はワンクリック、ワンタッチでユーチューブにアップすることもできて便利です。

なお、iMovieには、Ｍａｃ版もあります。

Windows Live ムービーメーカー

iMovieよりももう少しさまざまな効果や編集をしたい場合に便利なのがウィンドウズのパソコンに無料でインストールされているWindows Live ムービーメーカーです。

動画の編集だけではなく、写真を使った動画制作には直感的な操作なのでわかりやすくて便利です。

プレゼンテーション作成ソフト：パワーポイント

もっと身近にあるソフトとしてパワーポイントの動画作成機能があります。スライドショーの動画を作るだけならプレゼンテーションのファイルをｗｍｖ形式で保存するだけで動画がすぐにできます。保存後は前述のWindows Live ムービーメーカーを使って、ＢＧＭやナレーションなどの音声を挿入することも簡単にできます。

パソコン画面撮影ソフト：カムタジアスタジオ

パソコン画面の動作を撮影するのに便利なのが、カムタジアスタジオです。数万円かかりますが、フル機能で30日間、無料お試しができます。

筆者は自分のセミナー動画を2時間撮影して、重要な部分を切り出してユーチューブにたくさんの動画をアップしています。マニュアルなしでもできる直感的な操作ができるソフトです。

その他

これまで紹介した編集ソフトを使ってみて物足りなくなったら、より高度な市販の編集ソフトを使うとよいでしょう。

◉Windows Live ムービーメーカー

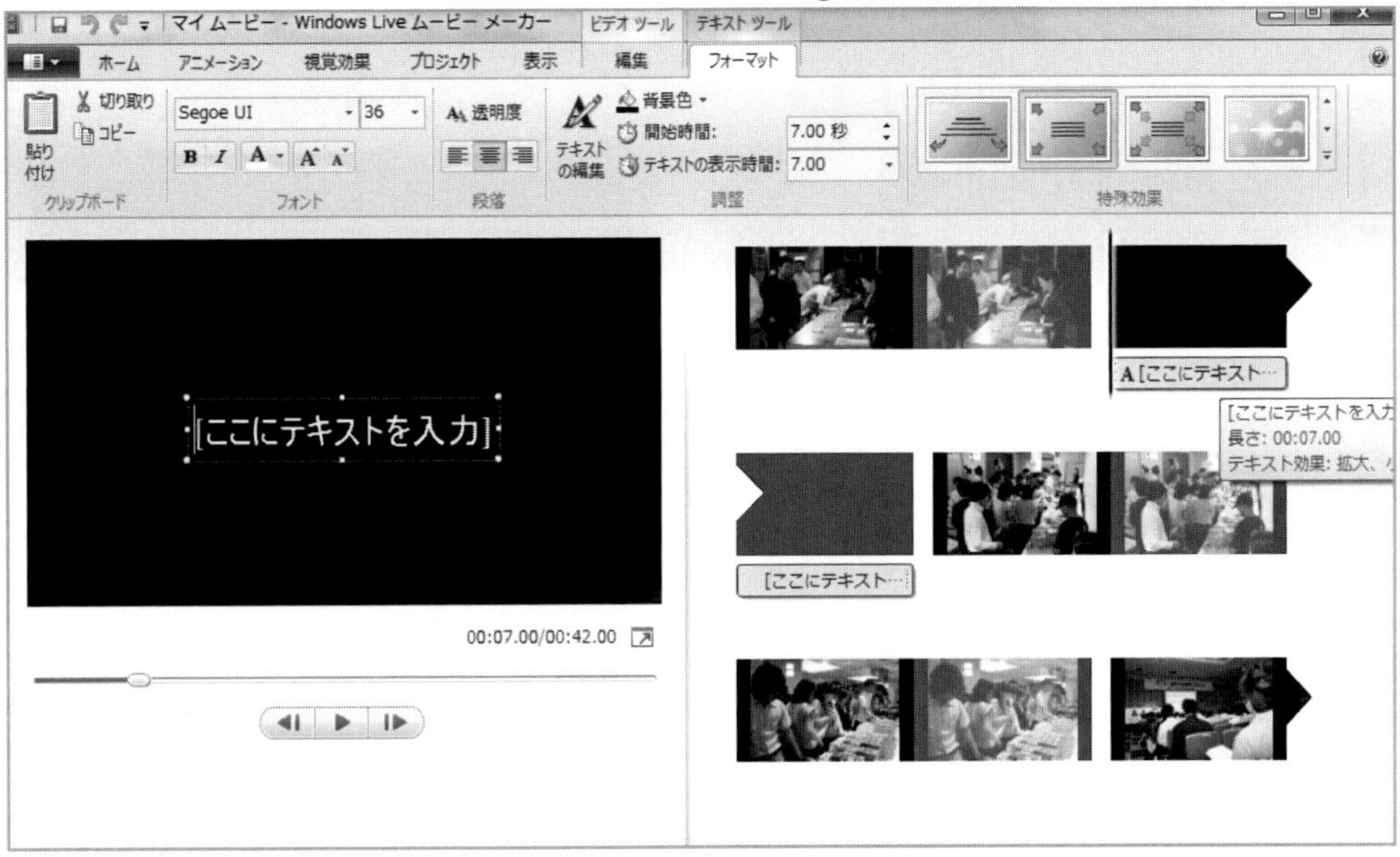

◉カムタジアスタジオ

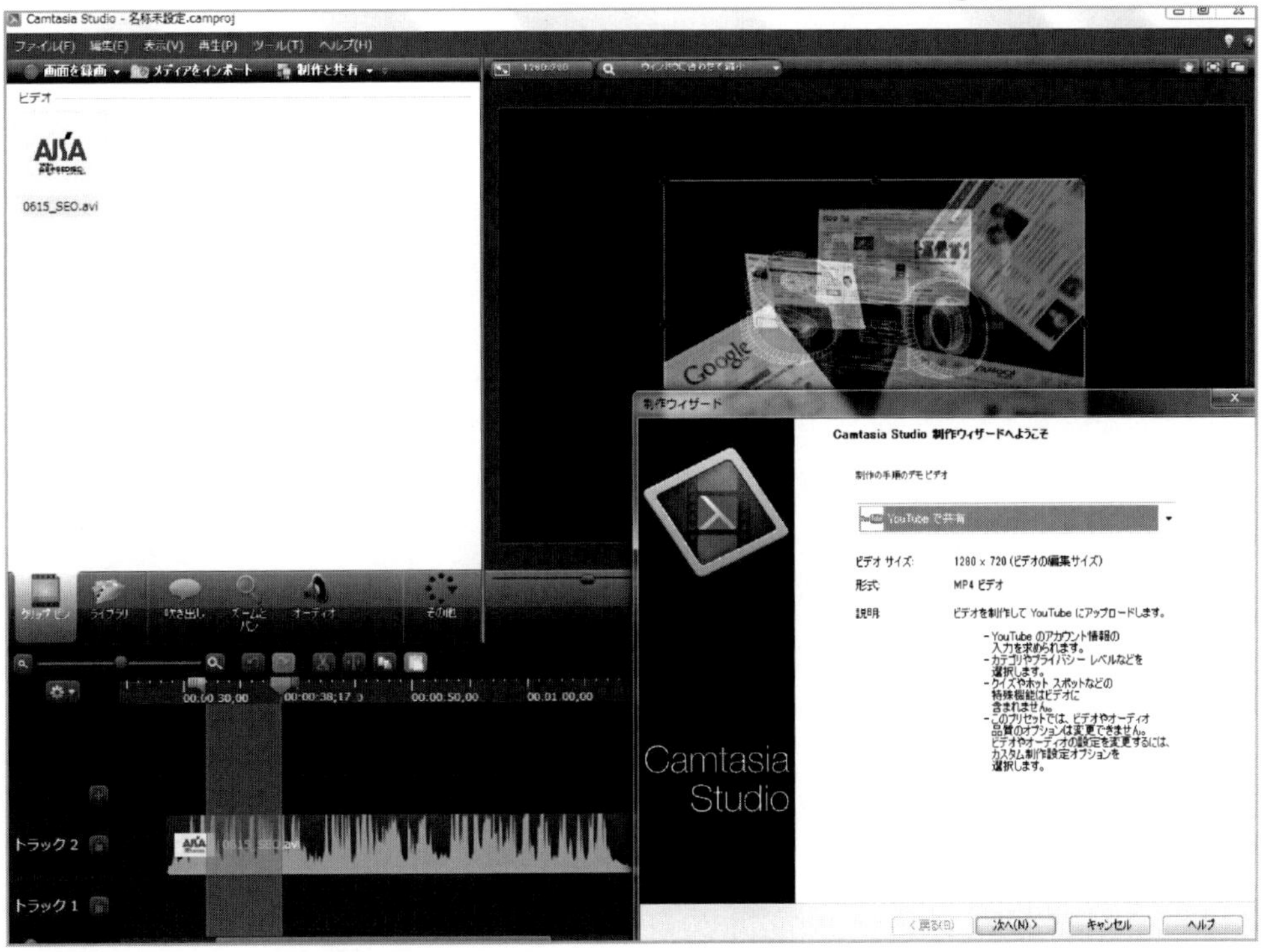

YouTube SEO

アウトソーシングする場合の発注のコツ

どうしても自分で動画を制作できないときは、外注するということもできます。

しかし、プロフェッショナルに依頼すると制作費が高くなり、費用対効果が落ちると本書で何度か述べてきました。

最低限のコストで制作するためのコツは、

- 格安のアウトソーシング先を見つける
- 撮影だけは自分で行って編集だけをアウトソーシングする

という2つです。

▶格安のアウトソーシング先を見つける

「ユーチューブ動画制作代行　格安」で検索すると、すでに何社もの制作会社さんが見つかります。

格安の制作サービスなので高い品質は期待できません。

しかし、本書で提案したようなカンタンユーチューブ動画なら充分に対応できます。

数千円から1万円くらいの範囲で制作してくれるところがほとんどです。

▶撮影だけは自分で行って編集だけをアウトソーシングする

もう一つの外注のコツは、編集だけ依頼するという方法です。

筆者のクライアントの日本仏事ネットさんは300本以上の動画を自社の事務所でスマートフォンを使って撮影し、そのデータを外付けハードディスクで制作会社さんに渡して編集とユーチューブへのアップロード作業だけを依頼しています。このやり方によって1本あたり2000円台で外注して数カ月で300本以上の動画を公開することに成功しました。

以上がユーチューブ動画SEO対策4つのステップのうち、3つめの制作についてでした。
凝った動画を作るのではなく、ウェブ検索で上位表示させて自社サイトに新規客を誘導するために割り切ってこうした合理的なやり方でスピーディーにより多くの動画を制作してください。

◉編集をアウトソーシングした例

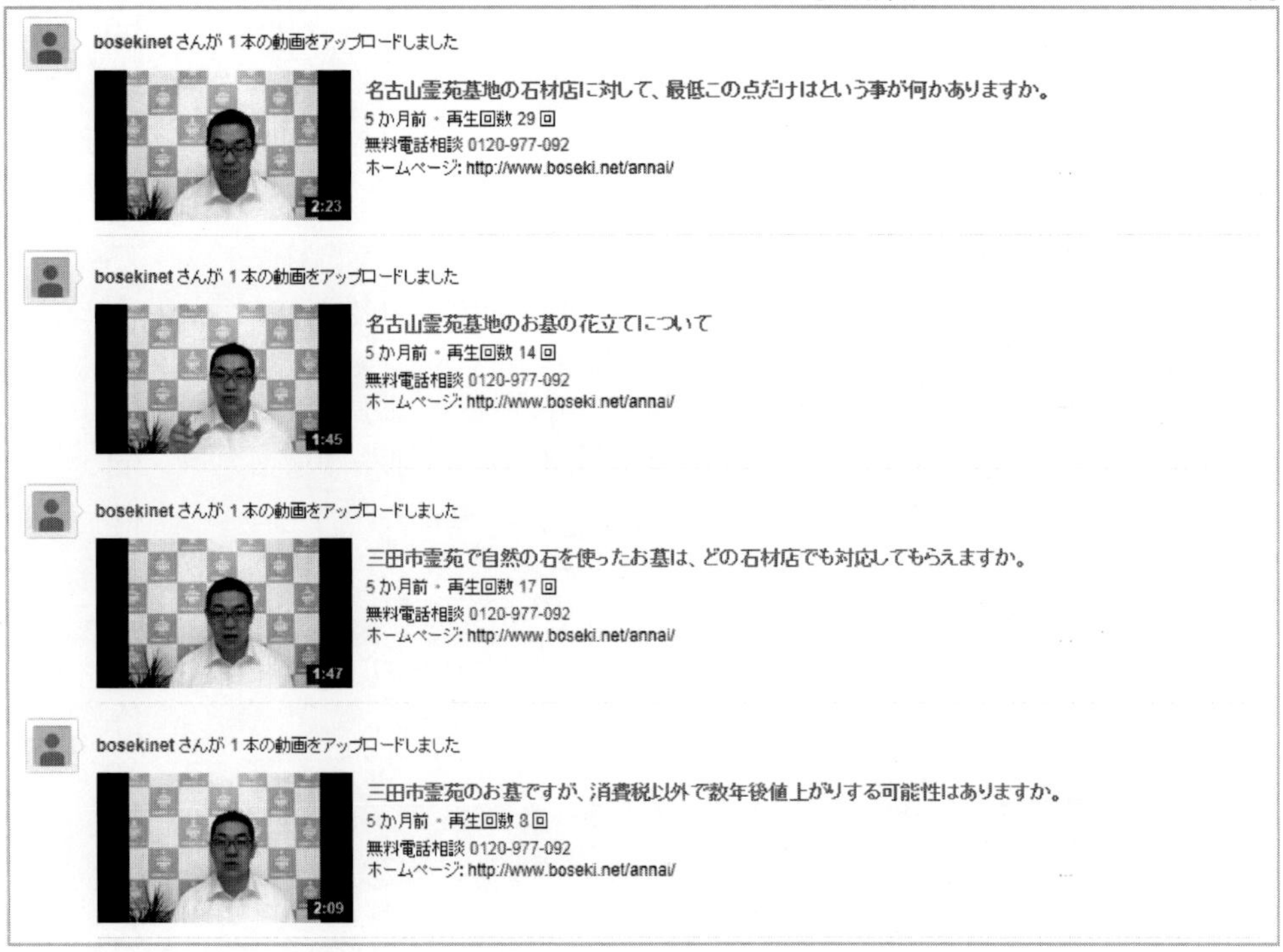

第5章
ユーチューブ動画SEO対策4つのステップ
その4：〈公開〉

YouTube SEO グーグルやヤフージャパンで上位表示するためにするべきポイントは？

ユーチューブ動画ＳＥＯ対策４つのステップのうち、最後の４つ目は制作した動画を公開するというステップです。

本書の目的は動画を制作して終わりではなく、制作した動画をグーグル、ヤフージャパンのウェブ検索結果で上位表示させて、そこから自社サイトに誘導する方法をあなたに習得していただき、実践できるようになってもらうことです。

このことを達成するために必要な作業をこれから一つひとつ紹介します。

YouTube SEO 上位表示されやすい動画のタイトルの書き方

ユーチューブ動画ＳＥＯで最も重要だといってよいポイントがこの動画のタイトルの書き方です。

ここがうまくいけば、短期間で自社サイトに見込み客を誘導できるようになります。

昨晩、筆者は本書の原稿を書いている手を休めて、代わりにユーチューブ動画を2本、編集して公開しました。

内容は筆者のセミナーを撮影したセミナー動画を販売するための講義の様子の動画です。

そして信じられないことに翌日にそのセミナー動画のオンライン版が1本売れたのです。

12種類くらいのセミナー動画を筆者はサイトで販売していますが、その中でその夜作った講義のテーマとまったく同じ動画が売れました。偶然の可能性もあるかもしれませんが、それにしても驚きました。

その2本の動画のタイトルは

「パンダアップデート復旧方法！ペナルティーから回復する方法」
「パンダアップデート復旧と回復の方法とは？ペナルティー解除の具体策」

というものです。

そのときの様子を画面にキャプチャーしました。ご覧ください。
グーグルとヤフージャパンでそれぞれ「パンダアップデート復旧」という検索キーワードで検索したときの検索結果ページです。

◉グーグルでの検索結果

Google
パンダアップデート 復旧
ウェブ ニュース 画像 動画 ショッピング もっと見る 検索ツール
約 122,000 件（0.23 秒）
HDDデータ復旧は専門家にお任せ - Ino-inc.com
広告 www.ino-inc.com/
データの復旧ならまずは【3分自己診断】HDDの状態を確認してから安全データ復旧
データ復旧3分簡単自己診断 - 6つの無料で安心データ復旧 - お問い合せ〜納品まで
パンダアップデート回避なら - keikokukaijyo.info
広告 www.keikokukaijyo.info/
その内部修正で回避したつもりですか？ 御社サイトを徹底調査！改善方法も提出
パンダアップデート復旧方法! ペナルティーから回復する方法 ...
www.youtube.com/watch?v=TLacxj3faY4
4 時間前 - アップロード元: 鈴木将司
パンダアップデート復旧のための具体的に確認すべき事とは？あなたのサイトに重複コンテンツがあると検索順位が落ちるようになりま ...
6:04
パンダアップデート復旧と回復の方法とは? ペナルティー解除の ...
www.youtube.com/watch?v=kZSQ8vXxxcc
20 時間前 - アップロード元: 鈴木将司
Googleのペナルティー復旧方法を解説。http://www.web-planners.net/video/anzenkakujitsu ...
8:21
ペナルティ復旧対策講座 - まさゆめ企画
masayume-kikaku.com/penalty.html
著者: 田頭正宏 - 1,198 人の Google+ フォロワー
検索エンジンのペナルティを回避するには？サイトペナルティを受けてしまった後の復旧方法は？パンダアップデート・ペンギンアップデートの回避・復旧方法を初心者の方にも分かりやすく指導いたします。

筆者がアップした動画が「パンダアップデート復旧」というキーワードで、グーグルとヤフージャパンで検索すると1位と2位の両方に表示されています。

筆者が運営しているサイトでお客様が購入していただくと、同時にメールでお客様の情報が筆者のメールアドレスに向けて送信されます。このメールをご覧いただくと、これら2本の動画をアップした2014年6月3日の翌日の6月4日14時に申し込みをしてくれた初めてのお客様であり、どこで当サイトをお知りになった

◉ヤフージャパンでの検索結果

かを聞くアンケート欄に「ヤフーの検索結果」とはっきりとご記入いただいています。

文字通り動画をユーチューブにアップしてから24時間以内に動画で宣伝した有料動画が売れたのです！　とてもうれしくて感動しました。

ユーチューブ動画ＳＥＯの凄さは、上位表示の簡単さと、スピードです。

普通のホームページに手の込んだ新しいウェブページを作ってもこんなに短期間にはなかなか表示できません。これはユーチューブ動画ならではのことで、一度、この楽しさを知ったらどんどん動画を作りたくなるはずです。

◉申し込みのメール（一部加工）

差出人: "(社)全日本SEO協会" <web@www.zennihon-seo.org>　**宛先:** web@www.zennihon-seo.org
件名: ご注文を受付けました([redacted]様)685　**日時:** 4 Jun 2014 14:27:46 +0900

ご住所: [redacted]2
[redacted]4

E-Mail: r[redacted].co.jp
ＴＥＬ: 0[redacted]2
ＦＡＸ: --
業　種: サービス
ＵＲＬ: http://[redacted].com
会　員: 非会員
受講履歴: 0
顧客情報:
有効期限: 0000-00-00
お問合せ：
ヤフーの検索結果

※顧客情報は一般の方は空白のまま。
　顧問先をconsultantとし、スクール生をschoolとなります。

※有効期限とは、スクール生の無料受講となる有効期限を指します。

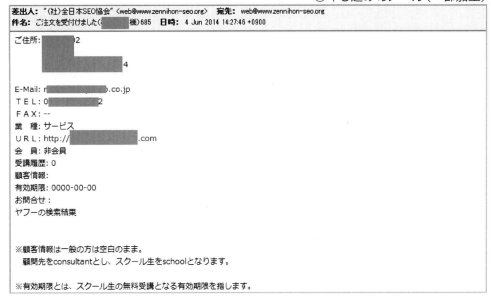

YouTube SEO

検索数が多いキーワードを動画のタイトルに含める方法

先程、動画のタイトルに目標キーワードを含めるとそのキーワードで上位表示されやすくなると述べましたが、実際に複数のネットユーザーに検索されているキーワードを動画のタイトルに含めた方が再生回数を増やしやすくなります。

ネットユーザーがグーグルでどのようなキーワードで検索しているかを知る方法は、主に3つあります。

▶グーグルキーワードプランナー

これは最も有名なツールでホームページのSEO対策をしている人達ならほとんど知っているツールです。「https://adwords.google.com」にアクセスし、誰でも無料で取得できるグーグルアカウントでログインして、「運用ツール」→「キーワードプランナー」を選択します（238ページの上段の図参照）。

キーワードプランナーという画面が出てくるので、オプションの一番上の「新しいキーワードと広告グループの候補を検索」を選択します（238ページ下段の図参照）。

「宣伝する商品やサービス」という項目に、あなたが上位表示を目指すキーワード、または売りたい商材の名前を入力して、画面下の「候補を取得」というボタンをクリックします（239ページの図参照）。

そうすると、検索結果画面にどのような複合キーワードが検索されているか、あるいはそのキーワードで検索したユーザーが他にどのようなキーワードで検索しているかのデータが表示されます（240ページの図参照）。

◉「キーワードプランナー」の選択

◉「新しいキーワードと広告グループの候補を検索」の選択

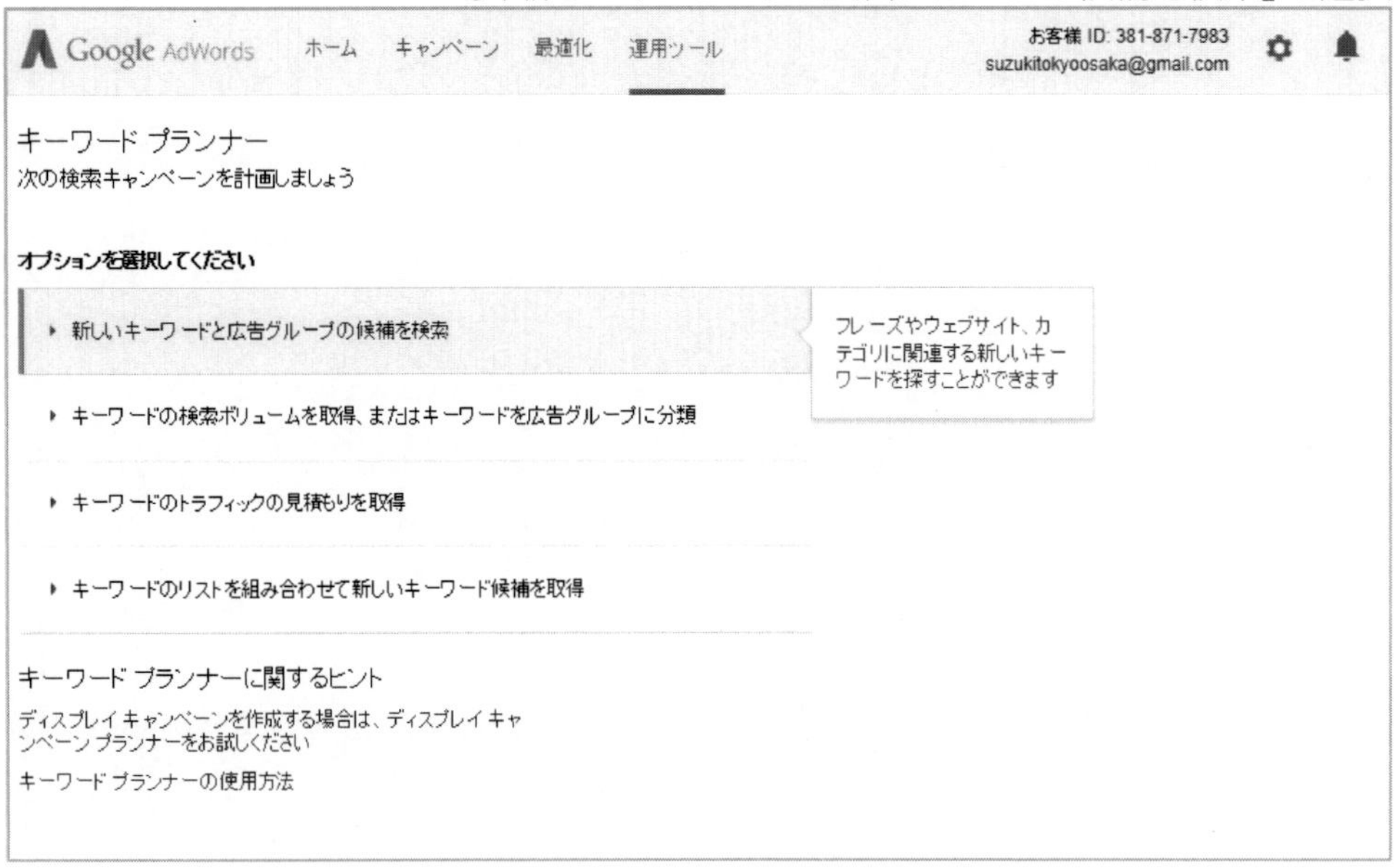

◉キーワードの入力と「候補を取得」ボタンのクリック

◉取得した結果の表示

広告グループ(関連性の高い順)	キーワード	月間平均検索ボリューム	競合性	推奨入札単価	広告インプレッションシェア	プランに追加
インプラント 費用 (11)	インプラント 費用, インプラント治療…	10,830	高	¥655	0%	»
前歯 インプラント (7)	前歯 インプラント 費用, 前歯 イン…	1,830	高	¥707	0%	»
インプラント 歯 (7)	歯 インプラント, インプラント 歯, イ…	1,310	高	¥555	0%	»
インプラント 歯科 (12)	歯科 インプラント, インプラント 歯…	870	高	¥939	0%	»
インプラント 治療 (11)	インプラント治療, インプラント 治療…	1,430	高	¥696	0%	»
歯医者 (52)	歯医者 インプラント, 歯医者 口コミ,…	75,550	高	¥283	0%	»
東京 インプラント (14)	東京インプラントセンター, インプラ…	1,430	高	¥1,047	0%	»
市 インプラント (22)	インプラント 大阪市, 藤沢市 インプ…	930	高	¥445	0%	»
インプラント センター (11)	インプラントセンター, 日本橋インプ…	850	高	¥630	0%	»
県 インプラント (20)	埼玉県 インプラント, インプラント …	590	高	¥633	0%	»
インプラント 大阪 (8)	大阪インプラントセンター, インプラ…	1,040	高	¥781	0%	»
区 インプラント (17)	インプラント 足立区, 世田谷区 イ…	600	高	¥395	0%	»
インプラント の (7)	インプラントの値段, インプラントの …	580	高	¥482	0%	»
インプラント 相場 (6)	インプラント 相場, インプラント 費…	680	高	¥641	0%	»
インプラント 価格 (6)	インプラント 価格, インプラント 低…	720	高	¥693	0%	»
歯 費用 (8)	歯 インプラント 費用, 歯 矯正 費用 …	5,950	高	¥505	0%	»

画面右上の「ダウンロード」というボタンをクリックしてデータを一括でダウンロードするとエクセルでも開けるCSV形式のファイルがダウンロードできます。

このデータを見ると、どのようなパターンの複合キーワードが毎月何件くらい検索されているのか(Avg Monthly Searches)や、競争率(Competition)がわかります。

このデータで重要なのは毎月の検索数が多いからといって盲目的に検索数が多いキーワードを狙わないということです。理由は、ユー

●取得したファイルをエクセルで開いたところ

	A	B	C	D	E	F	
1	Keyword	Currency	Avg. Monthly Searches	Competition	Suggested bid	Impr. share	I
2	インプラント 費用	JPY	9900	0.98	657	0	N
3	インプラント 治療 費用	JPY	170	0.94	661	0	N
4	インプラントの費用	JPY	70	0.95	662	0	N
5	インプラント 費用 大阪	JPY	40	0.99	871	0	N
6	総インプラント 費用	JPY	110	0.94	580	0	N
7	インプラントとは 費用	JPY	170	0.94	402	0	N
8	歯医者 インプラント 費用	JPY	50	0.92	818	0	N
9	インプラント メンテナンス 費用	JPY	70	0.75	526	0	N
10	インプラント 矯正 費用	JPY	140	0.96	849	0	N
11	ミニインプラント 費用	JPY	40	0.89	591	0	N
12	インプラント 費用 成功率	JPY	50	0.93	768	0	N
13	前歯 インプラント 費用	JPY	260	0.93	676	0	N
14	前歯 インプラント	JPY	880	0.95	791	0	N
15	インプラント 前歯	JPY	260	0.85	818	0	N
16	前歯 インプラント 失敗	JPY	210	0.72	508	0	N
17	前歯のインプラント	JPY	70	0.93	603	0	N
18	前歯 インプラント 値段	JPY	110	0.98	555	0	N
19	インプラント 前歯 失敗	JPY	40	0.56		0	N
20	歯 インプラント	JPY	720	0.97	668	0	N
21	インプラント 歯	JPY	140	0.94	819	0	N
22	インプラント 仮歯	JPY	210	0.83	370	0	N
23	歯 インプラントとは	JPY	70	0.94		0	N
24	歯のインプラント	JPY	70	0.95	498	0	N
25	歯 インプラント 寿命	JPY	50	0.79	63	0	N
26	インプラントとは 歯	JPY	30	0.93	133	0	N
27	歯科 インプラント	JPY	390	0.95	1072	0	N
28	インプラント 歯科医院	JPY	70	0.89	481	0	N
29	歯科インプラントとは	JPY	50	0.88	759	0	N
30	インプラント 歯科	JPY	210	0.93	1116	0	N
31	インプラント 歯科医	JPY	30	0.88	715	0	N

チューブ動画がウェブ検索で上位表示されやすい検索キーワードは、競争率が高くないものだからです。競争率が高いキーワードをあなたの動画の目標キーワードにしてもなかなか上位表示はできないので、検索数の多さが中程度のものから少ないものを狙うようにしてください。

1つしか動画を作らなければ検索数が少ないキーワードを狙ってばかりいても集客には貢献しないでしょうが、数十個以上作ることによって検索数の少なさを補うことができます。

▶グーグルサジェスト キーワード一括DLツール

グーグルのウェブ検索のキーワード入力欄に何かキーワードを入れると、そのキーワードと他のサブキーワードの複合キーワードの候補が出てくることがあります。

これは検索数が多い順番にグーグルが提案するものです。ということは、ネットユーザーが検索している複合キーワードがここに含まれている可能性があるので、このデータは重要なものです。

こうした複合キーワードのデータを一括でダウンロードできる便利なサイトがあります。

筆者がよく使うのは「グーグルサジェスト キーワード一括ＤＬツール」(http://www.gskw.net/)というサイトです。

ここのサイトも、グーグルキーワードプランナーのように、エクセルで開けるＣＳＶ形式のデータを一括でダウンロードできるので非常に便利です。

◉キーワードの候補

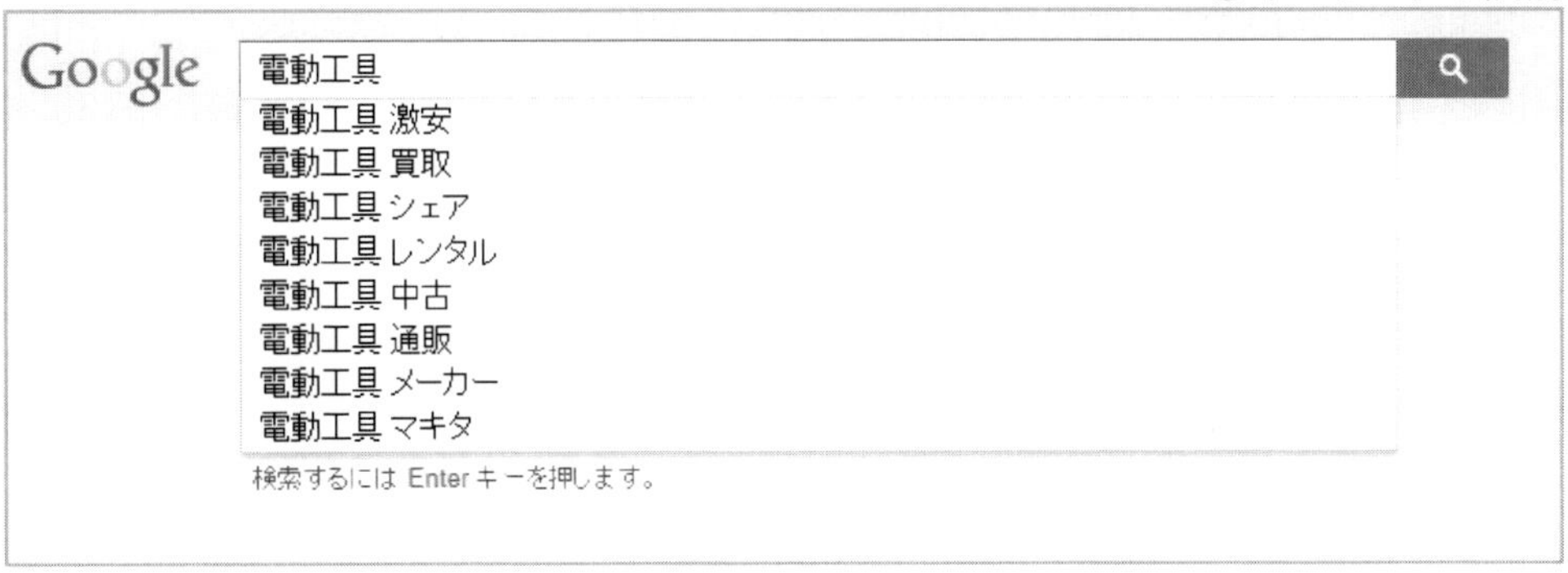

◉「グーグルサジェスト キーワード一括DLツール」での検索結果の例

電動工具 あ

- 電動工具 秋葉原
- 電動工具 安全
- 電動工具 アタッチメント
- 電動工具 amazon
- 電動工具 アース
- 電動工具 アウトレット
- 電動工具 アースマン
- 電動工具 安全点検
- 電動工具 愛知
- 電動工具 アメリカ

電動工具 い

- 電動工具 インパクト
- 電動工具 一覧
- 電動工具 ikea
- 電動工具 一式
- 電動工具 イラスト
- 電動工具 イラスト フリー
- 電動工具 インパクトドライバーとは
- 電動工具 インパクトドライバー

電動工具 う

- 電動工具 雨
- 電動工具 wiki
- 電動工具 売る
- 電動工具 ウエダ
- 電動工具 売れ筋
- 電動工具 動かない
- 電動工具 売上
- 電動工具 売りたい
- 電動工具 うるさい
- 電動工具 植木

▶ユーチューブのキーワードツール

グーグルでの検索ではなく、ユーチューブのサイトにも検索機能があり、そこでどのようなキーワードが検索されているかを知る方法もあります。それにはユーチューブのキーワードツール(http://www.youtube.com/keyword_tool)を使います。

このツールでは、ほとんどの場合、検索数はデータが不充分という理由で実際の月間検索数は見られません。また、人気度が高いキーワードではないとデータは表示されないという欠点がありますが、ある程度、参考になるツールです。

◉ユーチューブのキーワードツール

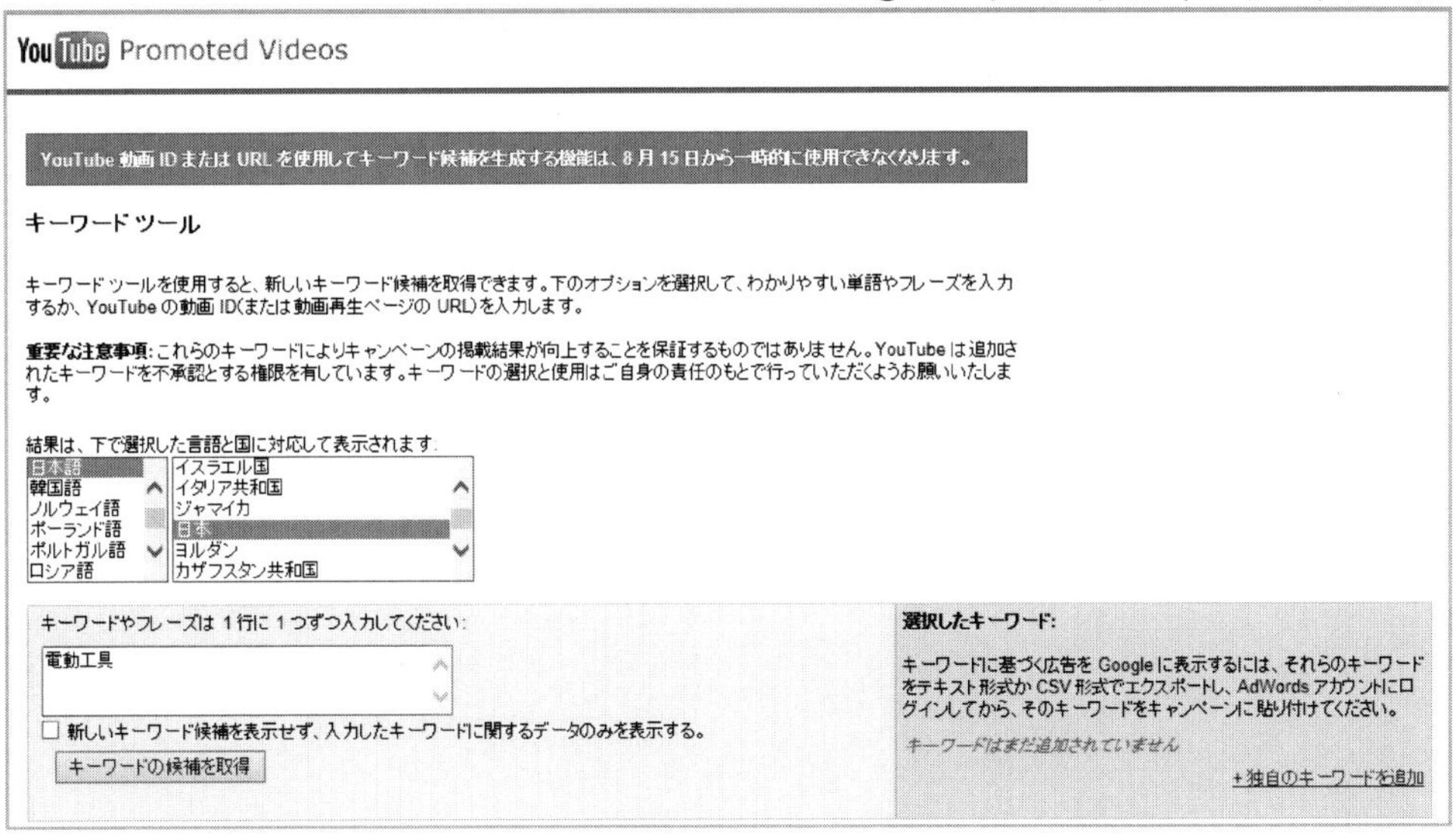

これら3つのツールを使えば、ある程度ネットユーザーがどのような複合キーワードでどの程度検索しているかがわかります。そして、その中に見込み客が検索しそうなものを予測して見つけ出し、動画のタイトルに含めるようにしてください。

YouTube SEO クリックしたくなるフレーズをタイトルに含めるコツ

先程の検索されているキーワードを動画のタイトルに含めるだけでは不充分です。そういうやり方だと動画のタイトルが「電動工具　サンダー」などというように無味乾燥なものになり、これがそのまま検索結果に表示されても、グーグルやヤフージャパンの検索ユーザーの目に止まりにくく、クリック率が低くなって再生回数を稼ぐことは困難になります。

ユーザーの目に止まりやすくて、なおかつクリックしてもらえるためには、目標キーワードを含めながらも魅力的なキャッチフレーズのような動画タイトルにすることです。

このやり方が非常にうまいのが、すでにご紹介した「油圧パンチャー」で上位表示している動画を作ったＭＦＣの熊野さんという方です。

良いポイントとしては、

● ・・・の使い方

● え！　こんなに簡単に・・・

というように、使い方を見せてくれるのではないか、簡単にできるのではと予感させることによって自分でもできるのではと思わせる工夫がされています。

キャッチフレーズ作りのポイントは、

❶便利さを予感させる
❷容易さを予感させる
❸平易な口語の文体を使う
❹感情的である

◉動画のタイトルの良い例

油圧パンチャー(ノックパン)の使い方・・・えっ！こんなに簡単に ...

www.youtube.com/watch?v=4tFRSFNsOGY

2013/10/26 - アップロード元: 熊野貴文

プロの電気職人が多数愛用。ポンプ一体型の**油圧パンチャー**※今なら30,000円(税込)で販売中です！ http://www.mfc ...

❺具体的数値を含める
❻初心者でもできる
❼視聴時間が短い（たった1分でわかる・・・）
❽今話題の場所や人などの固有名詞を含める

などがあります。
こうしたポイントを考慮すると先程の

「電動工具　サンダー」

という無味乾燥な上位表示だけしか考えていない動画タイトルが

「1分でわかる！ ドイツでナンバーワン電動工具サンダーデモ動画」

などと変わっていきます。

YouTube SEO

ユーチューブ動画SEOのために適切な設定をしよう

タイトル以外にもユーチューブでは、さまざまな設定項目があります。ユーチューブ動画ＳＥＯのために適切な設定を行いましょう。

動画説明文

これは管理画面の「説明」と書かれている部分に入れる動画の紹介文のことです。

ここには、タイトルと同様に上位表示をしたい目標キーワードを１回入れるようにします。

何回も書くとユーザービリティーを害するため、スパム（ＳＥＯ対策上の違反行為）になることがあるので注意してください。

この欄はあなたのユーチューブ動画の詳細ページを見た人の目に触れるところで、かつリンクを張ることができる部分です。リンクをクリックしてもらうためには、そのリンクをクリックするとさらに動画で取り扱っている情報の詳細が見られると感じさせる書き方をしてください。

▶タグ

タグというのは、管理画面にある説明文のすぐ下に記入するキーワード入力欄です。

上位表示を目指すキーワードを書くようにしてください。

ただし、動画とは無関係なキーワードを入れるとスパム判定されて逆に上位表示に不利になることがあるので、あくまでも動画に関連するキーワードを書くようにしてください。

◉説明文の入力欄

説明

◉説明文の良い例

2013/11/19 に公開
加齢臭を抑える食事、食材の詳細情報は・・・
http://www.mushuu.jp/%E5%8A%A0%E9%BD%...
さらに詳しく、情報提供しています。

加齢臭を抑えるためには、酸化をブロックすることが最も大切です。
無臭物語の公式ページでは、加齢臭に悩む方のために、
本当に役立つ情報を厳選し、情報提供しています。

◉タグの入力欄

タグ（例: アルバート・アインシュタイン、空飛ぶ豚、マッシュアップ）

◉タグの良い例

パンダアップデート × ペナルティー × 復旧 × 回復 ×
上位表示 × SEO対策 × 講座 × セミナー × 集客 ×
マーケティング × 全日本SEO協会 × 鈴木将司 ×

▶サムネイルの設定

サムネイルというのは、ユーチューブ動画がグーグルやヤフージャパンの検索結果に表示されるときに一緒に表示される画像のことです。

ここには検索ユーザーの目を引くものが表示されたほうがクリック率が高まり、再生回数を増やすのに有利になります。

通常動画を管理画面でアップすると自動的にシステムがサムネイルを選択しますが、最近では3つの候補から選ぶこともできますし、自分で画像を作ってアップすることもできます。

より注意を引くものをサムネイルに設定してください。

◉サムネイルの設定

▶アノテーション

アノテーションというのは動画の表面に挿入する文字のことです。

動画の管理画面のヘッダーメニューの右から2つ目にアノテーションというリンクがあるので、そこをクリックします。

アノテーションにはユーザーへのメッセージを書くのですが、そこには上位表示を目指すキーワードを含めた方が有利になるので、そのキーワードを含めたものを書いてください。

◉アノテーションの設定画面の表示

◉アノテーションの設定

アノテーションリンク

アノテーションはテキストを挿入するだけではなく、リンクテキストを挿入することもできます。

動画の説明文にも自社サイトへのリンクを載せることはできますが、アノテーションは動画そのものに表示されるので、アノテーションリンクのほうが格段にクリックされやすいです。必ずアノテーションリンクは設定して、自社サイトへの誘導を強化してください。

◉アノテーションリンクの設定

コメントを許可

ユーチューブ動画の管理画面の基本情報というタブのすぐ右横にある詳細設定をクリックすると、動画へのコメントを許可するか、そして許可する場合はすべてのコメントが自動的に反映されるのか、管理者側が内容を審査できるかの設定項目があります。コメントが書かれていると上位表示に貢献するので、コメントは承認制でよいので許可するようにしてください。

埋め込みを許可

同じ詳細設定の画面で設定する項目に「埋め込みの許可」という項目があります。

許可をすることによりそのユーチューブ動画を

◉「コメントを許可」の設定

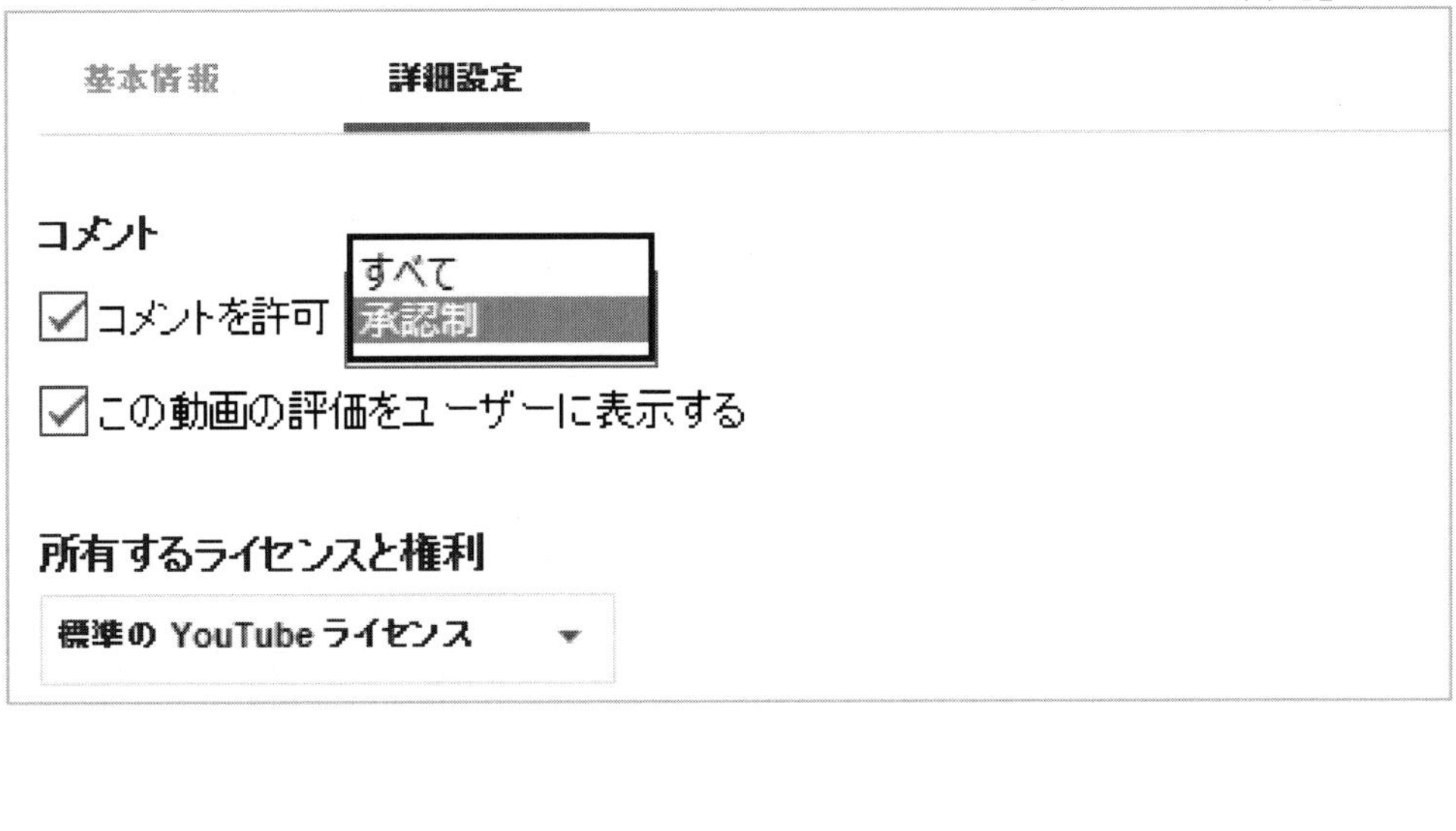

ウェブページに貼り付けることができます。

埋め込みを許可にして、自社サイトやブログに動画を貼るようにすることはもちろん、他人のサイトやブログに貼ってもらえるようにしてください。それにより動画の拡散性が高まり再生回数アップを目指せます。

◉「埋め込みを許可」の設定

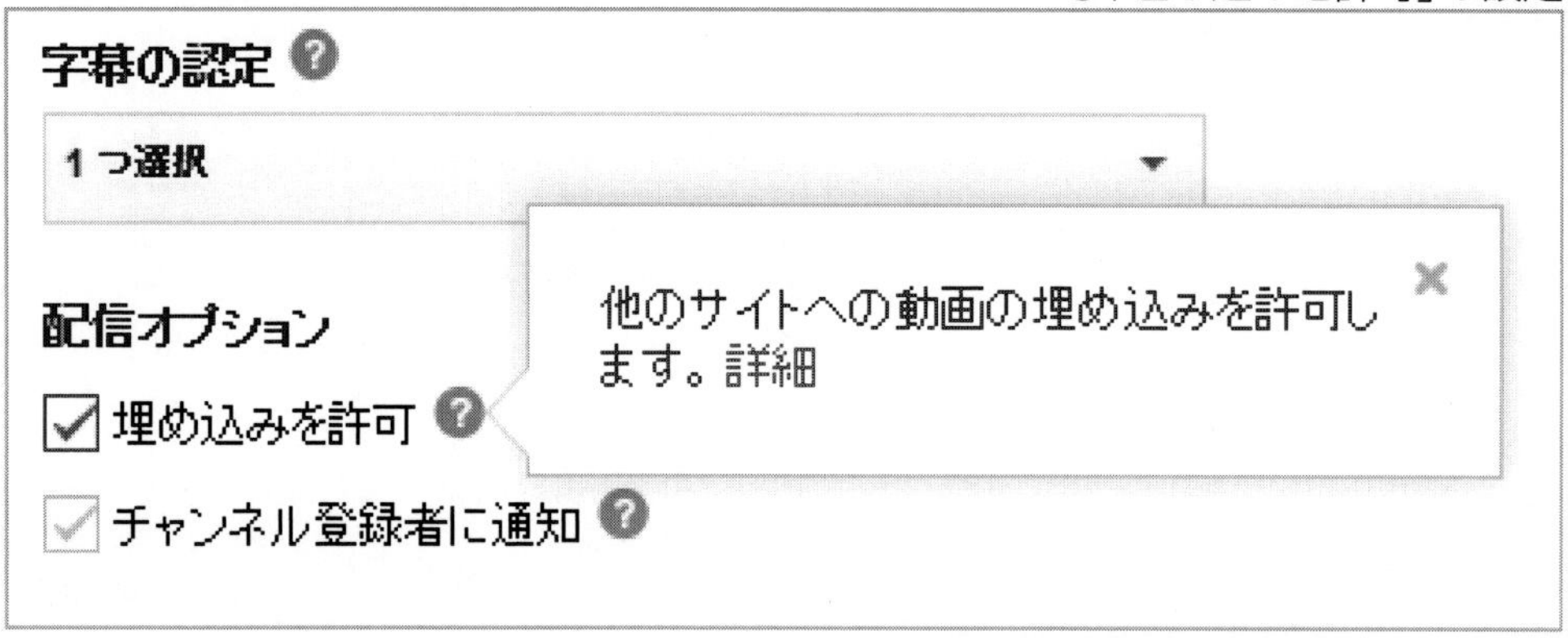

◉動画の埋め込みコードの例

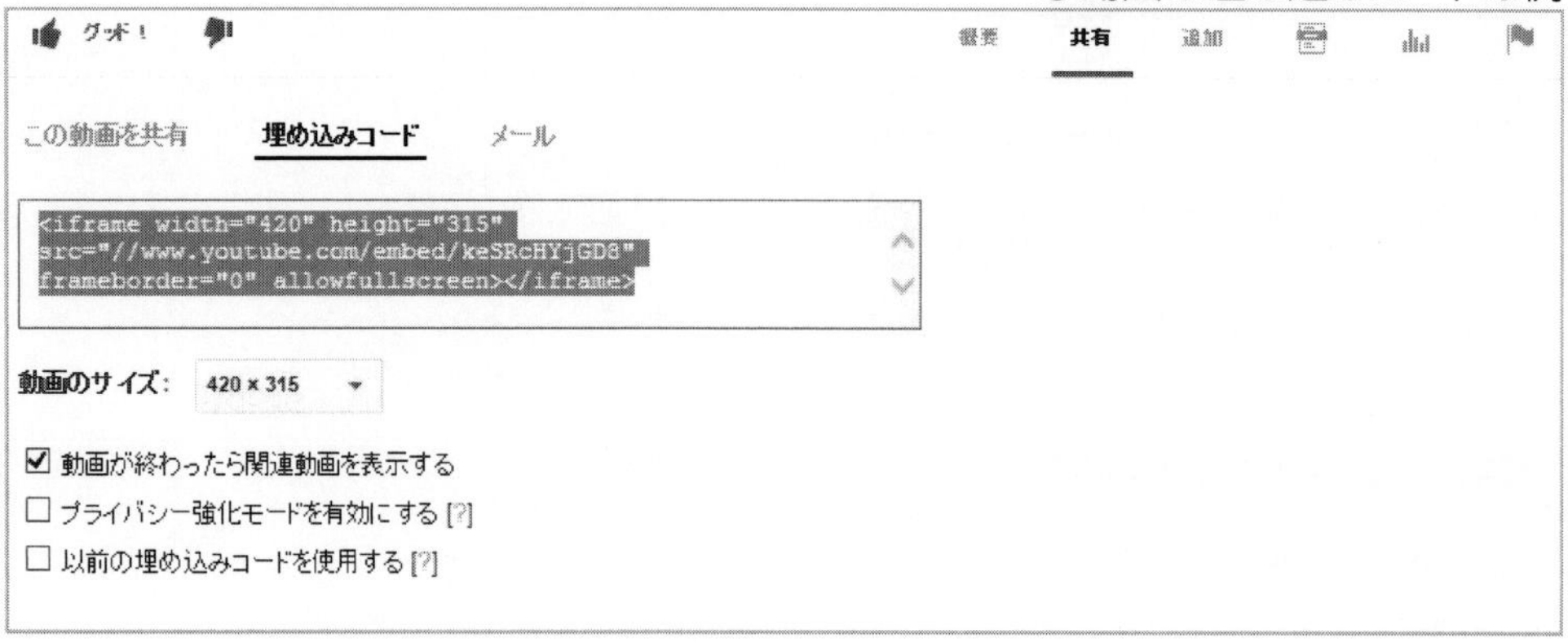

▶文字起こし機能

ユーチューブ動画の管理画面のヘッダーメニューの一番右上に「字幕」という項目があります。ここをクリックすると自動的にユーチューブのシステムが動画で話しているセリフを文字起こしする機能が使えます。これをオンにすることにより動画内で話しているセリフが検索対象に入るので、上位表示に貢献します。ただし、自動文字起こしはあくまでソフトが自動的に処理しているので、正確な日本でないことがあります。編集して修正することもできます。

▶チャンネル登録とチャンネルの効果的な設定方法

ユーチューブの最大の特長は動画投稿者がチャンネルを持てるところです。

これはテレビでいえばテレビ局のようなチャンネルのことです。

あなたのチャンネルの人気があればあるほど、そのチャンネル内にアップされた動画が上位表示されやすくなり、再生回数を稼ぎやすくなります。


再生回数を稼ぐには、チャンネルを設定してチャンネル登録者を増やすことです。

チャンネル登録者にはあなたが新しくユーチューブ動画をアップするとお知らせが行くようになりますし、より見てくれやすくなります。

チャンネル登録者数を増やすための第一歩はチャンネルのヘッダー画像の設定をすることです。

これは最近、Google+（グーグルプラス）というグーグルの別のサービスと連動するようになっています。グーグルプラスに行って、そこでインパクトのあるヘッダー画像とチャンネルアイコンをアップするようにしてください。

◉ヘッダー画像とアイコンの例

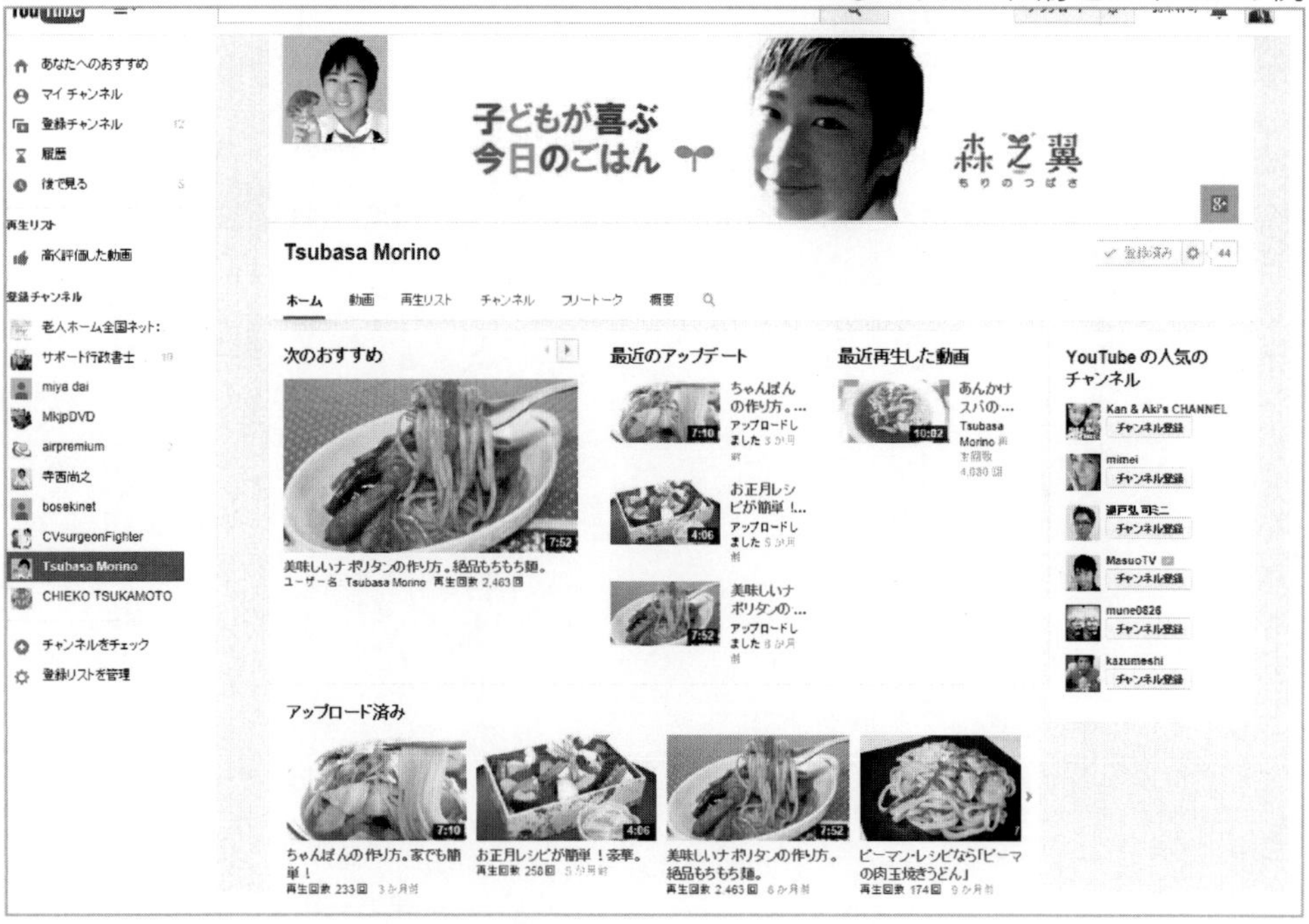

アイコンには特に気を付けてください。

アイコンとしてあまりよくないのは、会社名や店舗名を文字で入れることです。文字を入れても余程の有名ブランドでもない限り、ネットユーザーの注意を引きません。前ページの図は子供料理家の森之翼君のチャンネルですが、ブロッコリーを持った子供のアイコンは特徴があるので、これを見た人が何だろうとクリックしてくれる可能性が高まります。

設定はユーチューブ管理画面の右上の歯車のところをクリックすると「YouTubeの設定」というところがあり、その先の「Google+で編集する」というリンクをクリックして編集してください。

◉「YouTubeの設定」の選択

◉ヘッダ画像とアイコンの設定例

▶チャンネル登録者へのメールでの告知

もう一つのチャンネル登録者数を増やすメリットは、あなたのチャンネルに新しいユーチューブ動画が追加されたら、そのことをチャンネル登録者にメールで自動的に告知できるというものです。これが利用できることにより、こちら側からあなたの動画に関心を持っている人達に働きかけができるようになります。

◉メールでの告知の例

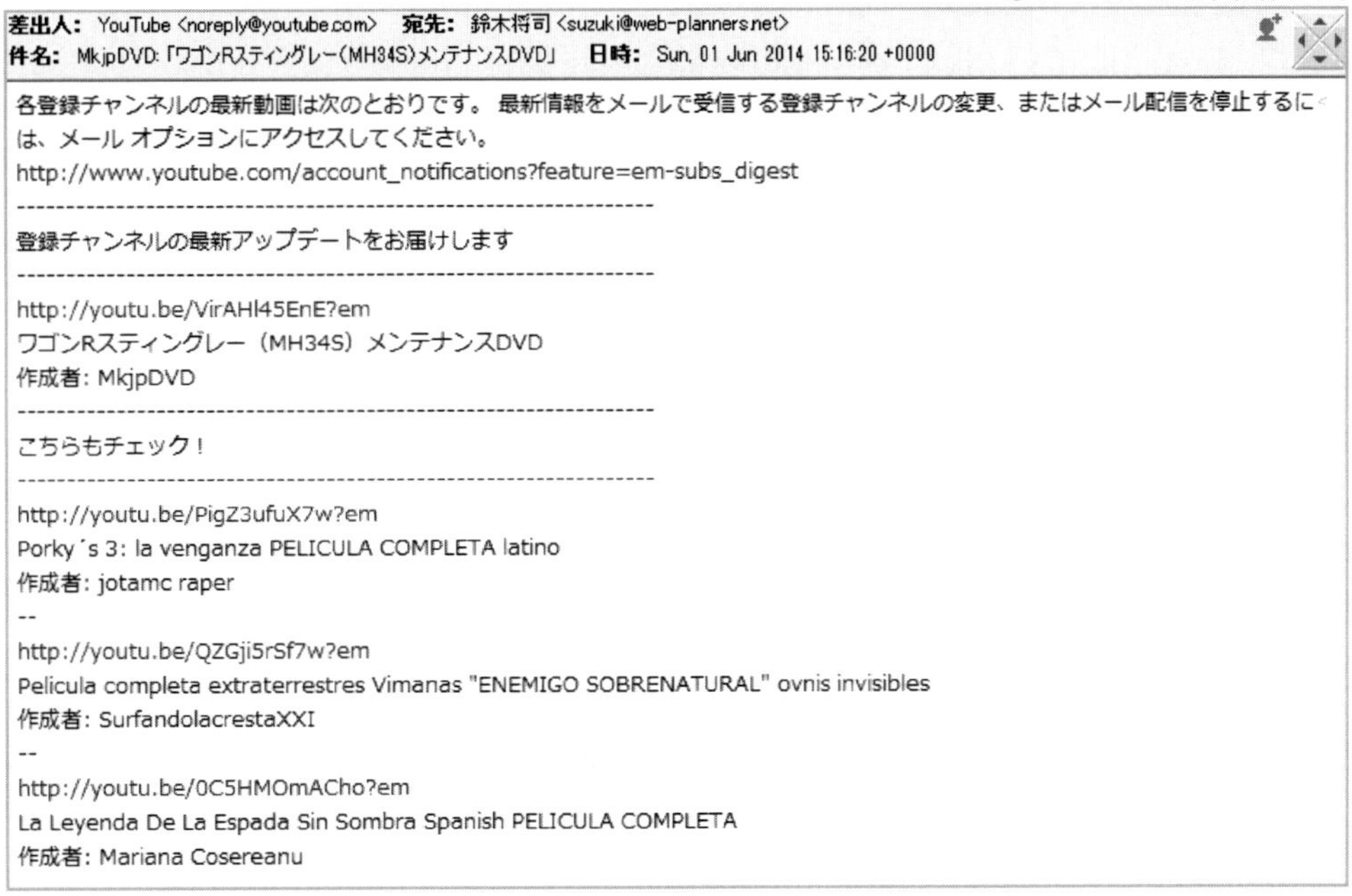

差出人： YouTube <noreply@youtube.com> **宛先：** 鈴木将司 <suzuki@web-planners.net>
件名： MkjpDVD:「ワゴンRスティングレー（MH34S）メンテナンスDVD」 **日時：** Sun, 01 Jun 2014 15:16:20 +0000

各登録チャンネルの最新動画は次のとおりです。 最新情報をメールで受信する登録チャンネルの変更、またはメール配信を停止するには、メール オプションにアクセスしてください。
http://www.youtube.com/account_notifications?feature=em-subs_digest

----

登録チャンネルの最新アップデートをお届けします

----

http://youtu.be/VirAHl45EnE?em
ワゴンRスティングレー（MH34S）メンテナンスDVD
作成者: MkjpDVD

こちらもチェック！

----

http://youtu.be/PigZ3ufuX7w?em
Porky´s 3: la venganza PELICULA COMPLETA latino
作成者: jotamc raper
--
http://youtu.be/QZGji5rSf7w?em
Pelicula completa extraterrestres Vimanas "ENEMIGO SOBRENATURAL" ovnis invisibles
作成者: SurfandolacrestaXXI
--
http://youtu.be/0C5HMOmACho?em
La Leyenda De La Espada Sin Sombra Spanish PELICULA COMPLETA
作成者: Mariana Cosereanu

YouTube SEO

視聴回数を増やすためのテクニック

視聴回数を増やすには、次のようなテクニックがあります。

▶グーグルプラスで記事を投稿する

知り合いやお客様にサークルに登録してもらえば、いち早くアップした動画のことを知らせることができます。

実際に昨晩、筆者は3本のユーチューブ動画を編集してユーチューブの管理画面で公開の作業をしましたが、サークルに登録された人達に動画のことが伝わっており、コメントももらいました。

こうした告知による効果だけではなく、グーグルプラスで記事、写真などのコンテンツをアップすればアップするほどグーグルプラスの評価が高まり、それに紐付けられているチャンネルの評価が高まります。その結果、そのチャンネルにアップされた動画の順位アップに貢献します。

▶フェイスブックやツイッターなどの他のソーシャルメディアを使う

グーグルプラス以外のソーシャルメディアも再生回数獲得、そしてそれによる順位アップに役立ちます。

商品の売り込みではない、やり方を説明する動画や、珍しいネタ、旬のトピックをテーマにしたもの、かわいい動物を主役にした動画などの癒

◉グーグルプラスの活用

されるようなものなら、ソーシャルメディアに参加する他のユーザーに拡散してもらえる可能性が生まれます。

▶無料ブログに動画を貼り付ける

無料ブログのアメブロやライブドアブログなどを開いている場合は、動画を紹介する記事を書くようにしてください。記事を書くネタを見つけるのは面倒ですが、動画もネタになりますし、いつも文章や画像ばかりを載せているとマンネリになりますが、動画を載せれば無料ブログのコンテンツ増強にもつながります。

◉自社サイトへの動画の貼り付け

▶自社サイトのなるべく多くのページに動画を貼り付ける

すでに述べましたが、最も重要なのは動画を自社サイトに載せることです。再生回数を最も増やしたい動画はトップページに、それ以外の動画は動画コーナーに載せるだけではなく、該当する商品やテーマの詳細ページに載せるようにしてください。それにより格段に動画の再生回数は増えます。

▶メールマガジンで告知して見てもらう

すでにメルマガ読者がいる方や既存客にメールでお知らせを出している方は商品の宣伝だけではなく、動画をアップしたときにはその動画の概要を紹介したメールマガジンを配信すべきです。

あなたのことを評価している人がメールマガジンを読むのですから、メールマガジンで告知することにより再生回数が増えるだけではなく、チャンネル登録者数も増えやすくなります。

▶まとめサイトでの紹介

今流行のNAVERまとめやその他まとめサイトの運営者は絶えずネタを探しています。関連したテーマのまとめサイトの運営者に紹介依頼をするとよいです。動画だけを紹介する動画のまとめサイトもあります。「動画　まとめ」や「動画　まとめ　(ジャンル名)」でウェブ検索をして見つけたまとめサイトに連絡をしてください。

▶紹介依頼を関連テーマのサイト運営者に依頼する

単に商品の売り込みの動画ではなく、可愛い、癒される、笑える、珍しいなどの特徴がある動画を作れたときは、その動画に関連したテーマのウェブサイトや、無料ブログの管理人に紹介依頼のメールを出せば紹介される可能性が生じます。

▶プレスリリース代行会社に依頼する

業界初の商品をテーマにしたものや、珍しいイベントをテーマにしたものなら、1回数万円で大手メディアへのニュースリリースの配信を代行してくれるプレスリリース代行会社に依頼すれば、大きなアクセスを稼ぎ、再生回数を増やすことが期待できます。

▶紙媒体での告知

その他ネットや、デジタルのものの他にも、次のような紙媒体を既存客に送っている方はそこで動画を紹介するようにしてください。

- 商品カタログ
- 会社案内パンフレット
- チラシ広告
- ニュースレター
- ダイレクトメール
- 葉書
- 年賀状・暑中見舞い

YouTube SEO

自社サイトへの効果的な誘導方法は?

最後に最も重要なことをお伝えします。

それは作った動画からいかに自社サイトに誘導するかという点です。

これを上手くやらなければ、どんなにユーチューブ動画をアップしても、どんなに再生回数を増やしてもほとんど売上アップには貢献しません。

方法は3つあり、極力、3つすべてを実施するようにしてください。

❶説明文の1行目か、2行目、なるべく1行目にURLを書く

動画詳細ページの説明文は、通常では3行から4行までしか表示されません。その中でもなるべく上のほうに誘導先のウェブページのURLを書くようにしてください。

「もっと見る」というところをクリックすればさらにその下に書いた文章が表示されますが、それをクリックする人達は少数派ですので、上の方にURLを書いてください。

ただし、URLをクリックしてもらうためにはユーザーの立場に立つ必要があります。

具体的には、自社サイトのトップページに漠然とリンクを張るのではなく、このリンクをクリックするとさらに詳細を知ることができるという書き方にして、さらなる詳細情報があるウェブページにリンクを張ることがコツです。

●説明文にURLを書く

❷動画の終わりに「×××××」で検索という言葉を入れて検索してもらう

動画の終わりの部分には、自社サイトを訪問してもらうための情報を載せるべきです。

次ページの上段の図の例のように『「×××××」で検索』というメッセージを入れれば、そのキーワードでウェブ検索をしてくれる可能性が生じます。

動画の最後の部分だけではなく、何十秒かに一度、「詳しい情報は・・・」という形で次の例のようにウェブ検索を促すのも効果的です。

これにより検索エンジンから御社のサイトへの流入が増えて検索順位アップに貢献するようになります。

●『「×××××」で検索』の例

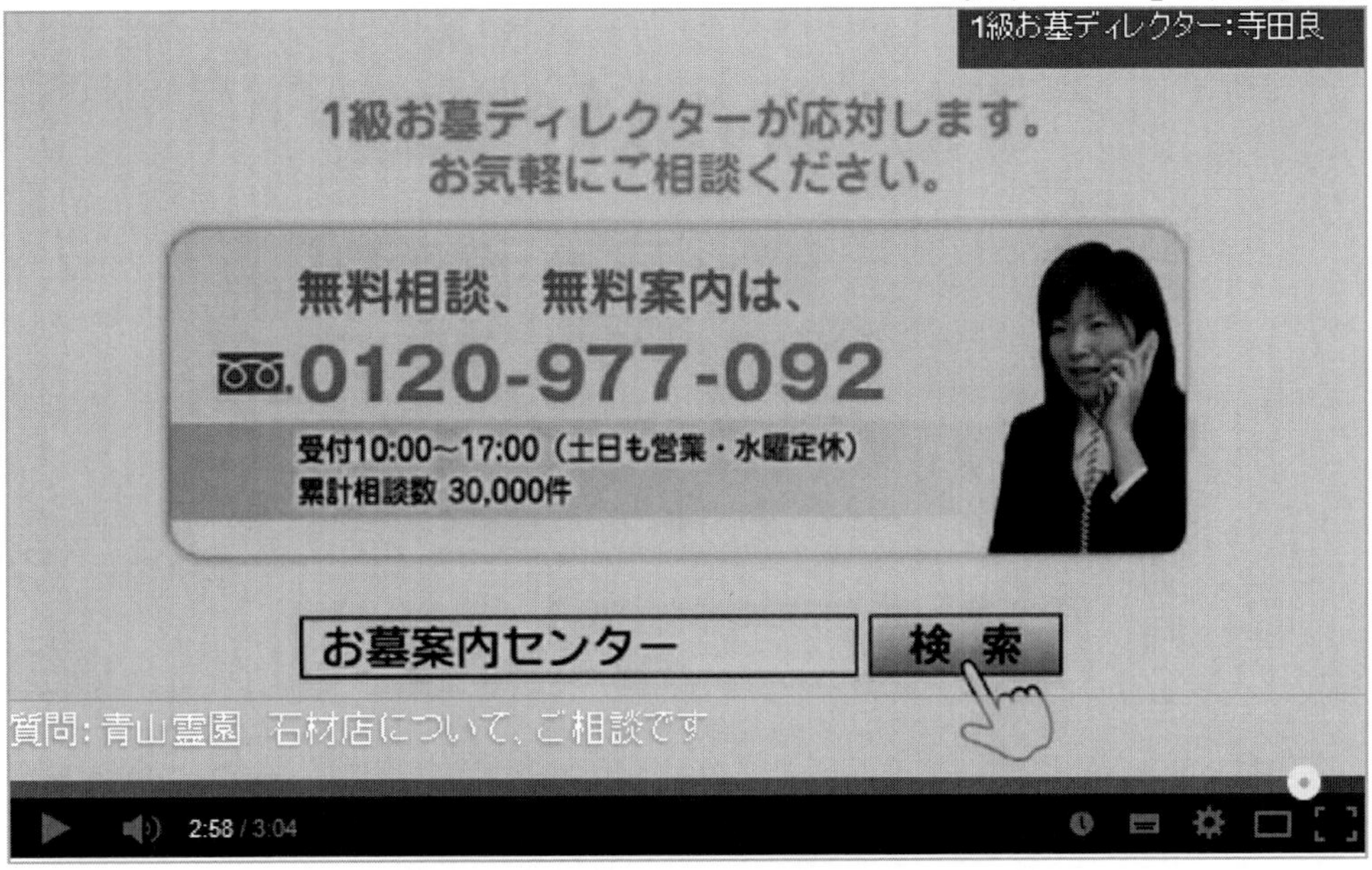

●動画の途中でウェブ検索を促している例

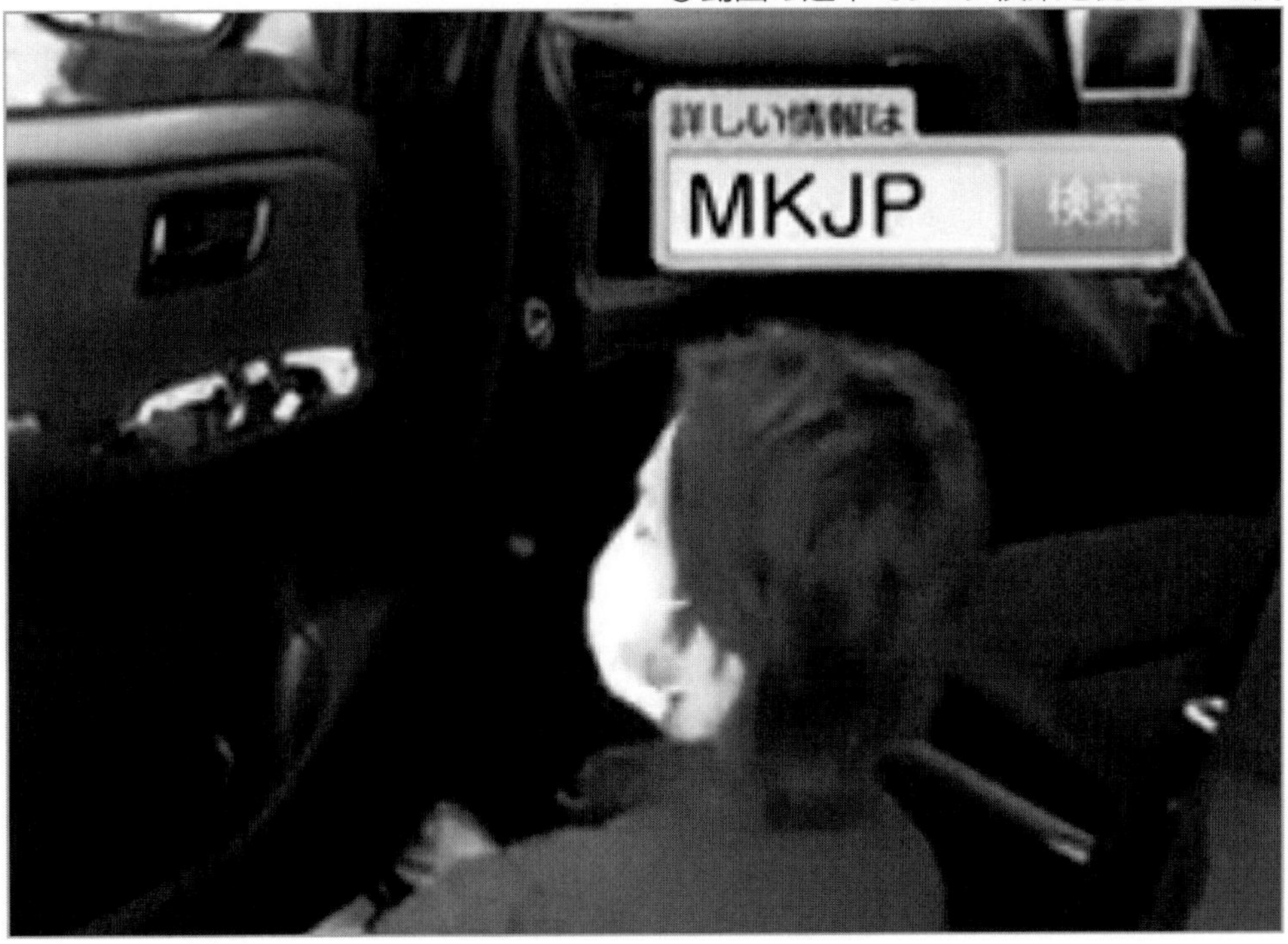

❸動画の端にアノテーションを挿入してＵＲＬを張り、クリックしたくなるような文言を書く

アノテーションを使えば、画面の好きなところから自社サイトにリンクが張れます。アノテーションは目立つのでクリックされやすいからぜひ利用してください。

アノテーションは自社サイトへのリンクだけではなく、チャンネル登録を促すメッセージを次ページの下段の図のようにして自分のチャンネルのトップページにリンクを張るのも効果的です。

以上がユーチューブ動画ＳＥＯの最後のツメの部分の告知と、自社サイトへの誘導のコツです。

カンタンユーチューブ動画をスピーディーに作り、自社サイトに効果的な誘導をしてユーチューブ動画ＳＥＯの果実をつかんでください。

◉アノテーションを利用した自社サイトへの誘導の例

◉チャンネル登録を促すアノテーションの例

YouTube SEO

ユーチューブ動画SEOの相談実例

最後に、筆者がこれまで実際にコンサルティングの現場で受けた相談実例をコラムとしてご紹介します。

筆者が受けた相談は、次のようなものでした。

布団ショップの動画を作ったが再生回数が2桁にしかなりませんでした。どうすればもっと再生回数を増やすことができますか?

この相談に、筆者は以降のように回答しました。

今回の御社の動画を拝見したら自社の布団の紹介ビデオになっています。

これこそがコンバージョン動画という再生回数が稼げない動画のパターンです。コンバージョン動画はあくまでも自社サイトにアクセスしてくれたユーザーしか見てくれないので、どうしても再生回数は少なくなってしまいます。

新規客を集めることができる再生回数が稼げる動画のパターンはマグネット動画です。

動画の再生回数を増やすためには、次のことをしてください。

❶御社のサイトの最も目立つ部分、特にトップページの比較的目立つ部分に一時的でもよいので動画を貼り付けてください。

これをすることにより飛躍的に動画の再生回数が増えます。商品の詳細ページにも同じ動画を貼り付けてください。もっと再生回数が増えます。ただし、トップページに動画を貼ると、ページの読み込み速度が遅くなるというデメリットがあります。

どうしてもトップページが無理な場合は、それ以外の関係するテーマのページに貼り付けるようにしてください。

❷御社のスタッフさんがブログやソーシャルメディアを運営している場合は、それらでも頻繁に動画を紹介してください。

❸布団という言葉での上位表示は競争率が高いので難しいです。

何か布団に関するニッチキーワードを狙うと上位表示されやすくなります。

例：「夏用布団」、または「夏用布団カバー」

❹動画の内容を企画するときは事前にグーグルの動画検索でそのジャンルのキーワード、この場合は、「布団」というキーワードで検索してどのようなテーマの動画の視聴回数が高いかを調べてください。

実際に布団というキーワードでグーグルの動画検索をしてみましょう。

動画検索で上位表示されているものを見ると2つの特徴があります。

◉「布団」での動画検索の結果

ふとん乾燥機 スマートドライ【ビートップス】 - YouTube
www.youtube.com/watch?v=M-KvWN6cnpE
2013/03/05 - アップロード元: TvShopBtops
ふとん乾燥機 スマートドライ☆花粉対策・粉塵対策に！マット＆ホース不要！象印だけの便利なふとん乾燥機。マット＆ホースを ...
1:31
布団で寝る犬 - YouTube
www.youtube.com/watch?v=8CZWiu4aSSs
2010/01/11 - アップロード元: hamchi24
子犬が布団で寝ています 2歳になりました。相変わらず寝ています。
http://www.youtube.com/watch?v=mCFAICvCaLc.
1:13
わんわん布団 - YouTube
www.youtube.com/watch?v=sZL6ybNSESk
2010/10/28 - アップロード元: nekoznet
こねこねのお布団はあったかいわんわん製。こねこねは、わんわん布団が大好き！ でも、こねこねが大きくなってだんだん乱暴者 ...
1:23
さよなら、また今度ね・in布団 - YouTube
www.youtube.com/watch?v=HXv7msMGARM
2012/11/28 - アップロード元: sugawara69tatsuya
さよなら、また今度ね・in布団. さよなら、また今度ね ·54 videos.
SubscribeSubscribed ... kao minagawa · 11 ...
3:48
【UVダニ駆除布団掃除機】レイコップスマート試しに使ってみた。I ...
www.youtube.com/watch?v=ALEFTkeesfA
2013/10/05 - アップロード元: kenichi hamano
レイコップのネットでの最安値価格はコチラ⇒比較レビューサイト
(http://raycopsaiyasune.seesaa.net/) 紫外線(UV)でダニを殺し ...
3:28

1つは布団の掃除やメンテナンスに関する動画です。

布団の掃除や、乾燥というテーマは昔からテレビ通販でよくあるネタなので動画との親和性が高いと思われます。掃除や乾燥をする風景やその結果、つまり効果を動画で見た方が説得力があり、見ている人が単純に驚き、感動するからです。

今回の動画は最初の動画なので商品の単純な紹介になってしまいましたが、次回からは布団を乾燥しているシーンの動画や、掃除をしているメンテナンスの動画を制

◉布団の掃除に関する動画の例

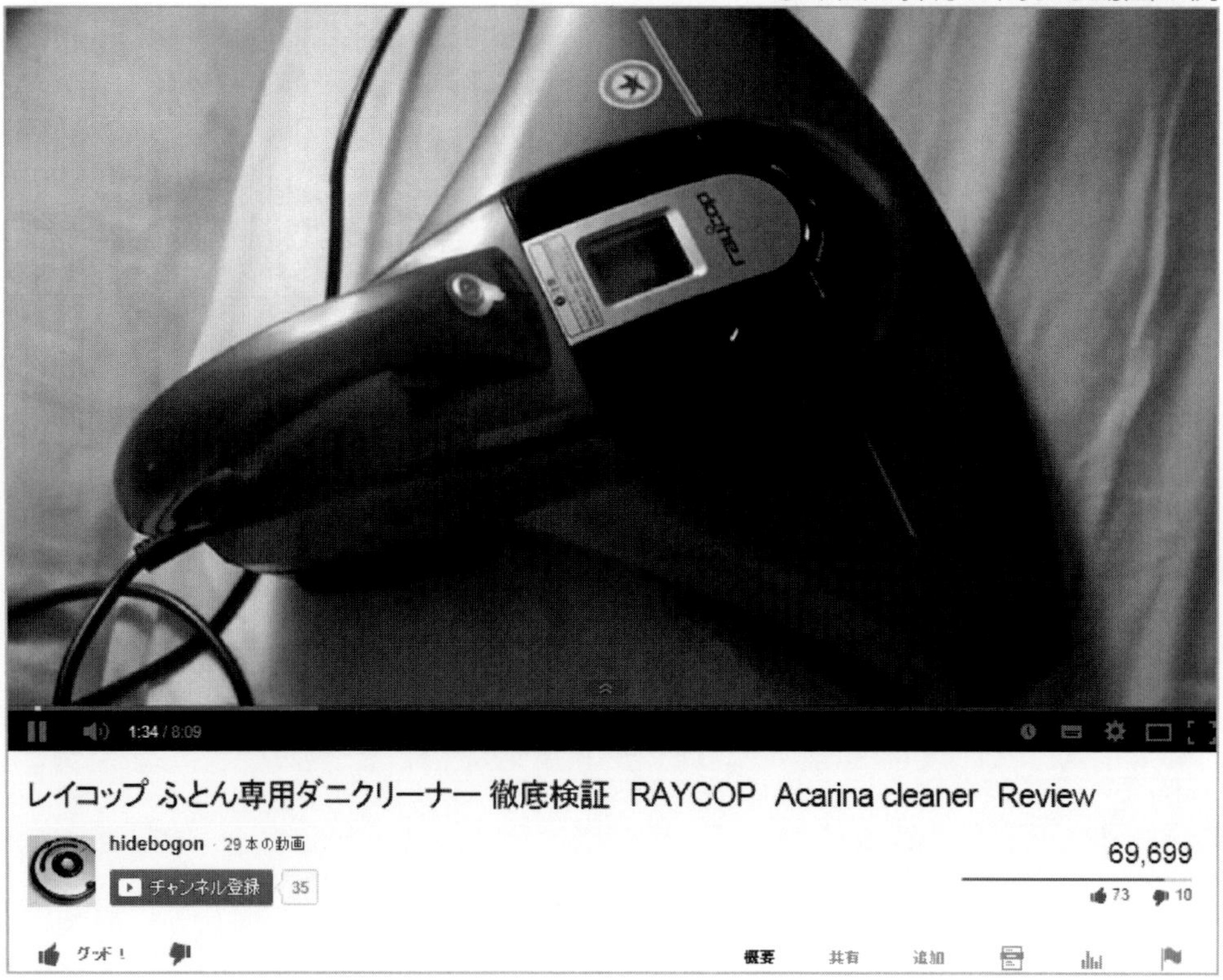

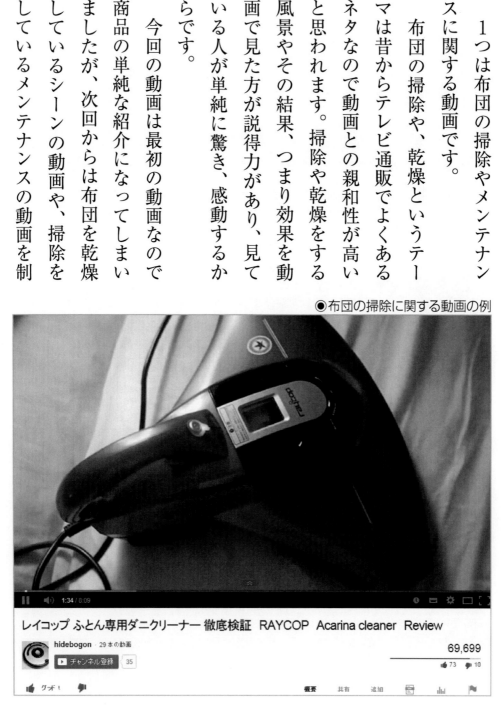

作するようにしてください。

次に上位表示して再生回数が多い動画が「布団で寝る犬」や、「わんわん布団」というようにペットと絡んだ動画の再生回数が高くて人気があることがわかりました。

犬をマスコットキャラクターにするなどして犬が布団に寝ころんでいるような風景の動画を撮影すると、爆発的な再生回数を稼ぐことがありえます。

犬をむしろ主役にすることで犬が好きな人達が「かわいい」という

◉ペットと絡んだ布団の動画の例

ことでフェイスブックやツイッターなどのソーシャルメディアで拡散してくれることも期待できます。ぜひ検討してください。

以上が今回の提案です。このように再生回数が多い動画は一捻りある動画です。まじめなことをまじめに作るだけでは人気動画は作れません。ぜひ動画によって商品の動作を見せて感動させること、または動物などの癒し、または何らかのユーモアのある動画を作ることを目指してください。

あとがき〈今後のユーチューブ動画SEOの方向性〉

本書では誰でも工夫次第でユーチューブ動画の検索順位を上げて、自社サイトに見込み客を誘導する方法を解説してきました。

本書でご紹介させていただいた事例の作者の方たちは初めて作った動画はほとんど再生回数が増えずに苦い思いをしています。

それでもあきらめずに気分を新たに、なぜ見てもらえないのか、その理由を考えて、見込み客が動画で情報を受け取るのに適したテーマを企画して再チャレンジしました。

本書を読んでいただいたあなたにはそうした遠回りをせずに、よりカンタンに、スピーディーで上位表示されやすく、自社サイトに誘導できるユーチューブ動画を作っていただきたい気持ちでいっぱいです。

インターネットの素晴らしさをもう一度、思い出してください。

それはやる気やアイデアさえあれば、資本力に関係なく、見込み客を集客できるという点です。

大企業がインターネットを本格的に使うようになり、昔のように簡単にはホームページを持つだけで集客ができなくなったのは確かです。

しかし、そうした状況を嘆くのではなく、本書で解説した4つのステップを実践してあなた独自の世界に大勢の見知らぬ人達を招待してください。

その手助けとなるのがユーチューブ動画による集客テクニックです。

今ならまだ間に合います。日本では、まだまだ需要のある動画を作れている企業は少ないからです。

ただし、そうした時代はいつまでも続かないでしょう。必ず将来動画の世界でも競争が激しくなるはずです。

そうした未来を予測するときに役立つ方法があります。

それは動画先進国の米国の状況を知ることです。

英語圏であり、かつユーチューブ発祥の地である米国では、すでにユーチューブ動画の世界でも激しい競争が起きています。

筆者が過去に何度か米国で開催されたSEO対策のカンファレンスの研修でユーチューブ動画の専門家たちから教えられたのは、何百万回もの再生回数を稼いでいる人気動画には、

- ユーモア(何か笑えるもの)
- 可愛さ(見るだけで嬉しくなるもの)

●癒し（見ているだけで癒されるもの）

などの特徴があるということです。

米国では一般の中小企業、個人事業主でも集客のためにこうした特徴のあるユーチューブ動画を作れるくらいまで慣れてきています。

日本の企業もビジネスだからと考えてしまうと、真面目すぎる動画を作りがちですが、一人の消費者として、生活人として面白いというのは何かを考えればそうした動画を作り、多くの見込み客に見てもらえるようになるはずです。

あなたがユーチューブ動画ＳＥＯに成功してたくさんの人々と出会えることを祈ります。